人工智能与新型电力系统

人工智能与电力电子变换器调制技术

陈　哲　胡维昊　韩雨伯　郭中杰　著

科学出版社

北京

内 容 简 介

本书全面介绍人工智能技术在电力电子变换器调制中的应用，从人工智能的基本概念和原理出发，简明扼要地介绍人工智能技术在电力电子领域的发展情况及技术瓶颈，重点阐述其在电力电子系统中应用最广泛的深度强化学习技术原理及典型算法。同时，本书以双有源全桥变换器和模块化多电平变换器两种被广泛研究的变换器为示例，介绍人工智能算法在具体拓扑中对电力电子变换器进行优化调制的详细步骤，为读者展示该前沿技术的操作细节。

本书可为从事或有意从事电力电子技术与人工智能技术交叉研究方向的学者提供参考。

图书在版编目（CIP）数据

人工智能与电力电子变换器调制技术 / 陈哲等著. -- 北京 ：科学出版社, 2025. 6. -- (人工智能与新型电力系统). -- ISBN 978-7-03-082530-8

I. TN624-39

中国国家版本馆 CIP 数据核字第 2025Y2C840 号

责任编辑：叶苏苏/责任校对：彭 映
责任印制：罗 科/封面设计：义和文创

科学出版社 出版

北京东黄城根北街 16 号
邮政编码：100717
http://www.sciencep.com

四川煤田地质制图印务有限责任公司印刷
科学出版社发行 各地新华书店经销

*

2025 年 6 月第 一 版 开本：787×1092 1/16
2025 年 6 月第一次印刷 印张：8 1/4
字数：196 000
定价：98.00 元
（如有印装质量问题，我社负责调换）

人工智能与新型电力系统
编 委 会

序

新型电力系统是实现能源转型的重要载体。随着全球能源转型发展进程步入关键期,电力行业数字化、网络化、智能化水平发展迅速,人工智能成为主导新一轮能源产业链变革、加速构建新型电力系统和新型能源体系的重要引擎。

为构建新型电力系统,国家发展改革委、国家能源局、国家数据局联合印发的《加快构建新型电力系统行动方案(2024—2027 年)》指出,切实落实"四个革命、一个合作"能源安全新战略,围绕规划建设新型能源体系、加快构建新型电力系统的总目标,重点开展布局电力系统稳定保障、智慧化调度体系建设等 9 项专项行动。在此背景下,将人工智能贯穿于电力系统发—输—配—用—调等环节建设的紧迫需求日益凸显。国内外大量研究工作也证实,依托人工智能卓越的数据处理能力、自主学习能力与辅助决策能力,可以显著增强电力系统运营过程灵活性、智能性和开放性,实现电能生产、运营与营销过程降本增效、扩圈强链。

当下,以国家能源政策为牵引,以企业供能、用户用能实际诉求为导向,总结提炼人工智能赋能电力系统关键领域的前沿研究进展,供电力作业人员与高校单位交流尤为必要。秉持该使命,我们也一直密切关注,见证了"人工智能与新型电力系统"丛书从策划、启动、交稿到出版的全过程。

本套丛书汇集了国内高校和企业近百位专家构成的高水平编写队伍,从创意萌芽、丛书框架研讨到外部专家反复论证,历经数年攻关,形成了以人工智能赋能电力系统垂直场景为鲜明特色的高质量科学技术论著。本套丛书细致梳理了先进人工智能在电力系统控制、规划、调度、预测、故障诊断与多能融合等关键领域的基本概念、技术原理与应用场景。本套丛书图文并茂、内容翔实、应用场景明确,符合当前国家能源转型核心需求。在此,对编写团队表达由衷的祝贺和诚挚的感谢。

本套丛书既是一套有深度的理论专著,又是一套极具实用价值的参考书,具有极高的阅研和实用价值,凝聚了编写团队的心血。它的出版发行,将有助于推动国内人工智能理论及技术在电力系统领域的跨越式发展。

程时杰 黄 琦 胡维昊
2025 年 6 月

前　　言

近年来，随着大量可再生能源和直流负载接入电力系统，电力系统电力电子化的趋势愈发明显，电力电子设备作为能源的收集、变换和传输装置，在电力系统中的占比将进一步提高。电力电子变换器的调制技术对变换器的传输效率和电力系统的安全稳定运行至关重要。然而电力电子变换器通常具有较多的有源元件和无源元件，使得其数学模型十分复杂，因此在控制变量比较多的变换器中，计算其最优调制策略成为一个棘手的难题。

随着信息技术和智能技术的飞速发展，人工智能已经渗透到各个领域，为传统行业带来了翻天覆地的变化。在电力电子领域，人工智能技术的应用也越来越被重视，为电力电子变换器的调制研究带来了新的思路和方法。

尽管已经有一些学者发表过人工智能技术在电力电子系统中成功应用的研究成果，但是目前在国内仍然没有一本系统介绍人工智能在电力电子变换器调制技术方面的专著。本书致力于探讨人工智能在电力电子变换器调制方面的应用，并结合具体的变换器拓扑，详细介绍其原理和实践操作。全书包括人工智能基础概念、人工智能和电力电子交叉领域的发展现状、具体算法的选择、电力电子变换器调制技术和应用实例等内容，旨在为读者提供一本完整的、系统的人工智能技术在电力电子领域的应用指南。

本书从人工智能的基本概念和原理出发，简洁明了地介绍人工智能技术在电力电子领域的发展情况及技术瓶颈，为读者提供一个概览性的认识。重点阐述目前在电力电子系统中比较适用的深度强化学习技术原理及其优势，深入浅出地解释这一前沿技术的核心内容和应用前景。本书还以双有源全桥变换器和模块化多电平变换器为示例，展示不同调制方法下变换器的性能差异，体现出人工智能的优势，读者可以更直观地理解人工智能算法如何突破传统方法限制，给出更优策略，为日后的实际工程应用奠定坚实的基础。本书最后还对未来人工智能技术在电力电子领域的发展趋势进行展望和探讨，希望能引发读者更深入的思考和研究。

综上所述，本书旨在帮助读者全面了解人工智能技术在电力电子领域的应用，为电力电子工程师、研究学者及相关领域的专业人士提供一本权威、实用的参考书。期待本书能够对读者有所启发，促进电力电子领域人工智能技术的深入研究和应用，为电力电子领域的发展贡献一份力量。

本书由陈哲、胡维昊及其团队所撰写。其中，唐远鸿、秦心筱等提供了大量的文字材料。全书由韩雨伯审阅、修改和统稿，元一平、郭中杰负责整理。此外，赵文卓、范嘉晨等也参与了本书的部分工作，在此一并向他们的辛勤付出表示感谢。

尽管本书内容历经多次讨论、修改，但由于作者水平有限，书中难免存在不足，敬请广大读者批评指正。

作　者

2025 年 4 月

目　　录

第1章 绪 论

1.1 人工智能的发展历史

人工智能（artificial intelligence，AI）是一门致力于让机器具备类似人类智能的技术和方法的科学。它通过计算机模拟人类的认知过程，包括感知、推理、学习和决策，使得机器能够执行复杂任务。人工智能的核心技术包括机器学习、自然语言处理、计算机视觉和神经网络等。机器学习通过数据训练模型，使系统能够自我改进；自然语言处理则使计算机理解和生成人类语言；计算机视觉赋予机器"看"的能力；神经网络模仿人脑的结构，用于复杂模式识别。如今，人工智能广泛应用于医疗、金融、自动驾驶、制造等多个领域，推动着社会的数字化转型和创新。随着技术的不断进步，人工智能将在未来进一步改变人们的生活方式。

人工智能的思想可以追溯到更早的哲学和数学研究中。例如，17 世纪法国哲学家兼数学家勒内·笛卡儿（René Descartes）提出了关于自动化和理性的理论，认为人类某些思维过程可以被视为一系列机械计算。20 世纪，英国数学家艾伦·图灵（Alan Turing）在1936 年发表的论文《论可计算数及其在判定问题上的应用》为现代计算理论奠定了基础。图灵提出了"图灵机"的概念，这是一种抽象的计算设备，可以模拟任何算法的执行过程。1943 年，神经科学家沃伦·麦卡洛克（Warren McCulloch）和逻辑学家沃尔特·皮茨（Walter Pitts）合作提出了基于神经元的计算模型（M-P 模型），成为早期神经网络理论的里程碑。1950 年，图灵在论文《计算机器与智能》中提出了"图灵测试"（模仿游戏），这是用来判断机器是否具有智能的标准。如果一台机器能在对话中让人类无法分辨它与另一名人类的区别，那么它就可以被认为是具有人类智能的。这一测试至今仍被视为衡量人工智能的重要方法之一。

1956 年的达特茅斯会议（Dartmouth Conference）被广泛视为人工智能学科正式诞生的标志。约翰·麦卡锡（John McCarthy）、马文·李·明斯基（Marvin Lee Minsky）、克劳德·香农（Claude Shannon）和内森尼尔·罗切斯特（Nathaniel Rochester）等科学家聚集在一起，提出了让机器模拟人类智能的目标，并首次明确了"人工智能"的概念，整合了此前分散的理论探索，推动了 AI 成为独立的研究领域。这次会议被认为是人工智能领域的开端。达特茅斯会议之后，人工智能相关研究迅速展开。20 世纪 50 年代中期和 20 世纪 60 年代初，科学家们开发了第一代人工智能程序。例如阿瑟·塞缪尔（Arthur Samuel）开发的西洋跳棋程序能通过自我学习提升棋艺，而麦卡锡等开发的"逻辑理论家"程序能自动证明数学定理。这些程序虽局限于特定任务，但首次实证了计算机在模拟学习和逻辑推理方面的潜力，为 AI 发展奠定了基础。1976 年，艾伦·纽厄尔（Allen Newell）和赫伯特·西蒙（Herbert Simon）提出了"物理符号系统假说"，即任何形式的智能行为都可以通过物理符号系统（例如计算机）来实现。这一理论为人工智能研究提供了重要的理论基础。

20 世纪 70 年代至 20 世纪 80 年代，人工智能进入一个新的发展阶段，专家系统开始流行。这些系统通过编码专家的知识和规则，帮助解决特定领域的复杂问题。此时，人工智能研究的重点从通用智能转向了特定领域的应用。与此同时，神经网络研究也逐渐复苏。虽然早期的神经网络模型由于计算资源有限和理论不成熟而一度沉寂，但随着计算能力的提升和算法的改进，神经网络在 20 世纪 80 年代重新受到关注，为后来的深度学习奠定了基础。

进入 21 世纪，人工智能技术得到了飞速发展，展现了前所未有的性能，尤其在图像识别、语音识别和自然语言处理等领域取得了重大突破。这些技术进展推动了人工智能从学术研究向实际应用的转化，使其进入了广泛商用的阶段。

随着人工智能技术从理论到实践的飞速跨越，各国政府都对人工智能的发展及其带来的挑战给予高度的重视。

习近平总书记强调"发展新质生产力是推动高质量发展的内在要求和重要着力点"[1]，"人工智能是新一轮科技革命和产业变革的重要驱动力量，将对全球经济社会发展和人类文明进步产生深远影响。中国高度重视人工智能发展，积极推动互联网、大数据、人工智能和实体经济深度融合，培育壮大智能产业，加快发展新质生产力，为高质量发展提供新动能"[2]。李强总理在 2024 年的《政府工作报告》[3]中提到"大力推进现代化产业体系建设，加快发展新质生产力""深化大数据、人工智能等研发应用，开展'人工智能+'行动，打造具有国际竞争力的数字产业集群"。

2024 年 7 月 12 日，欧盟的《人工智能法案》最终版本正式公布[4]，标志着欧盟成员国层面就这一全球首部综合性 AI 监管法案达成一致。该法案于 2024 年 5 月 21 日获欧洲议会全会通过，计划于 2025 年起实施。此前，在《欧洲人工智能战略》（2018）[5]中，欧盟委员会指出，人工智能是其此前提出的"工业数字化战略"（2016）[6]和"新产业政策战略"（2017）[7]的延续和深化，计算能力的增长、数据的可用性和算法的进步使人工智能成为 21 世纪最具战略意义的技术之一。2022 年 10 月，美国白宫科技政策办公室发布《人工智能权利法案蓝图：让自动化系统为美国人民服务》[8]。2023 年 5 月下旬，拜登政府采取了几项额外措施，进一步明确其人工智能治理方法。美国白宫科技政策办公室发布了修订后的《国家人工智能研发战略计划》[9]，以"协调和集中联邦研发投资"。

从各国政府的态度可以看出，拥抱人工智能是大势所趋。在迎接人工智能技术带来的风险的同时，如何使用好人工智能，探索其在不同领域的应用，为科技创新激发新的活力，需要各行各业的科技工作者共同努力。

1.2　人工智能在电力电子系统中的应用现状

人工智能技术在电力电子系统中的应用研究始于 20 世纪 80 年代中期(如模糊控制)，并于 20 世纪 90 年代随着专家系统和神经网络的引入形成首个发展高峰[10]，随着 30 多年来的发展，人工智能已被广泛应用于电力电子系统的 3 个不同生命周期阶段，包括设计、控制和维护。在电力电子系统的不同环节，人工智能的基本功能分为优化、分类、回归和数据结构探索[11]。

（1）优化是指在给定解必须满足的约束、等式、不等式的情况下，为了最大化或最小化目标函数，从一组可用的备选方案中找到一个最优解。例如，在设计任务中，优化是一种探索最优参数集的工具，这些参数集在设计约束下最大化或最小化设计目标。

（2）分类是为输入信息或数据分配一个标签，指示多个离散类型中的一个。具体而言，系统维护中的异常检测和故障诊断是一项典型的分类任务，用于确定具有状态检测信息的故障标签。

（3）回归是在给定输入变量的情况下，通过识别输入变量和目标变量之间的关系来预测一个或多个连续目标变量的值。例如，智能控制器可以通过输入电信号和输出控制变量之间的回归模型来实现。

（4）数据结构探索包括在数据集中发现相似数据组的数据聚类、确定输入空间内数据分布的密度估计，以及将高维数据向下投影到低维数据以进行特征约简的数据压缩。例如，在系统维护中，老化状态聚类属于数据结构探索类别。

根据人工智能类型、功能类型和电力电子系统相关任务，现有人工智能在电力电子系统中应用的相关研究如图 1.1[11]所示。

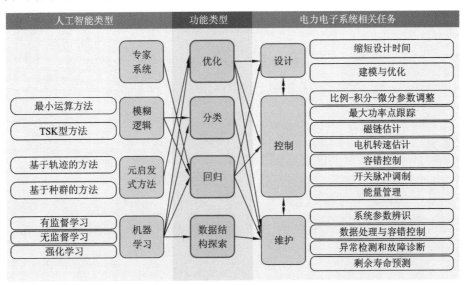

图 1.1　人工智能在电力电子系统中的主要应用

TSK 型方法全称为 Takagi-Sugeno-Kang 型方法；最小运算方法也称 Mamdani 运算方法

按照主流研究论文的数量排序，目前人工智能在电力电子系统中应用的相关研究，绝大多数针对控制任务，其次为维护任务和设计任务。在功能方面，目前的研究绝大多数关注回归和优化问题，其次为分类问题，关注数据结构探索的则最少。在所使用的人工智能方法中，使用最多的方法类型为机器学习，其次为元启发式方法和模糊逻辑，而使用专家系统的相关研究占比较小[11]。人工智能与电力电子系统的交叉领域中，机器学习相关的研究，成了热门与主流。

机器学习主要可分为有监督学习、无监督学习和强化学习。

在训练集包含输入和输出的情况下，有监督学习旨在建立输入和输出之间隐含的映射和函数关系。此功能对电力电子系统中难以构建模型的情况特别有用。一般来说，监督学习的任务包括分类和回归。

与有监督学习相比，无监督学习在学习过程中没有学习目标地输出数据。一般来说，电力电子应用中的无监督学习任务可分为数据聚类和数据压缩。

与有监督学习和无监督学习相比，强化学习不需要训练集。它的目的是找到一个合适的动作策略，以最大限度地提高特定任务的回报，这本质上是一个动态规划或优化任务。在电力电子变换器的调制技术中，通常其发波规则是为了满足特定的目标，比如大软开关范围、高转换效率、低电压或电流谐波等，因此，强化学习在电力电子变换器调制技术中的应用获得了广泛的研究。

参 考 文 献

[1] 习近平. 发展新质生产力是推动高质量发展的内在要求和重要着力点[J]. 求是, 2024(11): 4-8.

[2] 刘虎沉. 人工智能为发展新质生产力提供关键驱动力[N]. 科技日报, 2024-07-22(8).

[3] 中华人民共和国中央人民政府. 政府工作报告[R]. 北京: 新华社, 2024.

[4] 王天凡. 人工智能监管的路径选择: 欧盟《人工智能法》的范式、争议及影响[J]. 欧洲研究, 2024, 42(3): 1-30, 173.

[5] European Commission. Artificial intelligence for Europe[EB/OL]. (2018-04-25)[2025-01-02]. https://www. europeansources.info/record/communication-artificial-intelligence-for-europe/.

[6] European Commission. Digitising European industry: Reaping the full benefits of a digital single market[EB/OL]. (2016-04-19)[2025-01-02]. https://ec.europa.eu/information_society/newsroom/image/document/2016-18/ digitising_european_industry_reaping_the_full_benefits_of_a_dsm_15422.pdf.

[7] European Commission. Industrial policy strategy: Investing in a smart, innovative and sustainable industry[EB/OL]. (2017-09-18)[2025-01-02]. https://ec.europa.eu/commission/presscorner/api/files/document/ print/en/ip_17_3185/IP_17_3185_EN.pdf.

[8] 佚名. 美白宫发布《人工智能权利法案》蓝图[J]. 中国教育网络, 2022(10): 5.

[9] 佚名. 美国发布《国家人工智能研发战略计划》2023 更新版[J]. 中国计量, 2023(8): 51.

[10] Izuno Y, Takeda R, Nakaoka M. New fuzzy reasoning-based high-performance speed/position control schemes for ultrasonic motor driven by two-phase resonant inverter[C]//Conference Record of the 1990 IEEE Industry Applications Society Annual Meeting. October 7-12, 1990, Seattle, WA, USA. IEEE: 325-330.

[11] Zhao S, Blaabjerg F, Wang H. An overview of artificial intelligence applications for power electronics[J]. IEEE Transactions on Power Electronics, 2021, 36(4): 4633-4658.

第 2 章　基于强化学习的双有源全桥
变换器调制优化技术

近年来，随着电力系统电力电子化的发展，基于新能源的直流微网系统成了研究的热点。为实现新能源的收集、变换和传输，双有源全桥（dual active bridge，DAB）双向直流-直流（DC-DC）变换器成了一个关键的能量变换装置。作为目前最为流行的双向拓扑之一，因为其结构简单、软开关范围宽、性能可靠、功率密度高等优势，被广泛应用于可再生能源发电系统、固态变压器、储能系统、电动汽车和航空航天等领域。

然而，包括 DAB DC-DC 变换器在内的电力电子变换器普遍存在以下几个问题。

（1）电力电子变换器包含大量有源元件和无源元件，使得变换器的数学模型非常复杂。

（2）电力电子变换器的相关参数和外部电路环境可能会随着运行工况的改变而发生变化，传统的数学建模方式难以对其进行精确的建模。

（3）电力电子变换器模型中存在较多可调的控制变量，加剧了变换器效率优化求解的计算量和复杂度。

新一代人工智能技术，在处理数据量大、建模复杂、存在不确定性的系统优化决策、高维度复杂系统的优化求解问题中具有明显的优势，且已经在电气工程的其他领域（如电力系统领域、电力市场）展现了优越的寻优和决策性能。本章将以 DAB DC-DC 三重移相（triple phase shift，TPS）变换器为例，介绍强化学习（reinforcement learning，RL）在解决这类复杂的电力电子变换器的优化调制问题中的应用[1]，以提高电力电子变换器的效率，降低电力系统的传输损耗，助力实现节能减排目标。

2.1　双有源全桥变换器的线性分段时域建模

人工智能技术服务于 DAB DC-DC 变换器以提高变换器的效率，因此对 DAB DC-DC 变换器的调制建模分析尤为重要。本节将分析 DAB DC-DC 变换器的线性分段时域模型，并对各个模态下的关键波形、电感电流表达式、零电压开关（zero voltage switching，ZVS）特性、功率传输特性等进行详细描述。此外，本节还将分析 DAB DC-DC 变换器的统一谐波分析模型，将电压、电流和无功功率等通过傅里叶级数分解简化为频域的谐波级数形式。

图 2.1 所示为 DAB DC-DC 变换器的电路结构图和等效电路图。从图 2.1（a）可以看出，DAB DC-DC 变换器由 2 个对称的全桥（全桥 1 和全桥 2）、1 个串联电感 L_r 和 1 个隔离变压器 T_r 组成。其中，每个全桥包含 4 个开关管，电感 L_k 表示外部串联电感和变压器漏电感的等效电感。变压器的匝数比为 $n:1$，v_{AB} 为变压器初级侧的交流电压，v_{CD} 为变压器次级侧的交流电压，i_{L_k} 为经过等效电感 L_k 的电流。一般来说，DAB DC-DC 变换器的励磁电感被认为比漏电感大得多，励磁电流与负载电流相比可以忽略不计。因此在 T 型变压器等效电路中，带有励磁电感的支路可以看作开路。参考二次侧的电路参数，可以得到图 2.1（b）所示的简单等效电路。v'_{CD} 为变压器次级侧的交流电压 v_{CD} 等效到初级侧的值，且 $v'_{CD}=n\times v_{CD}$。

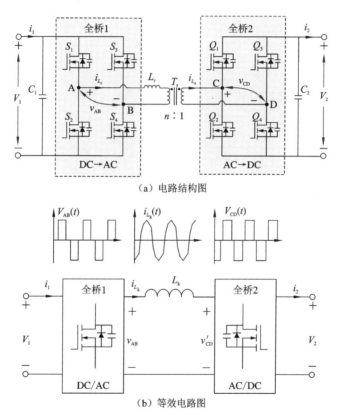

（a）电路结构图

（b）等效电路图

图 2.1　DAB DC-DC 变换器的电路结构图和等效电路图

图 2.2 所示为 DAB DC-DC 变换器的相关电压和电流波形。在 TPS 调制策略下包含 3 个移相角(D_1, D_2, D_3)，其中 D_1 表示开关管 S_1 与开关管 S_4 之间相重叠的移相角，D_2 为开关管 Q_1 与开关管 Q_4 之间相重叠的移相角，D_3 为初级侧与次级侧交流电压上升沿之间的移相角。如图 2.3 所示，SPS（single phase shift，单移相）调制、EPS（extended phase shift，扩展移相）调制和 DPS（dual phase shift，双移相）调制都可以被视为 TPS 调制的特殊情况，因此 TPS 调制包含了 DAB DC-DC 变换器中移相调制的所有可能性。

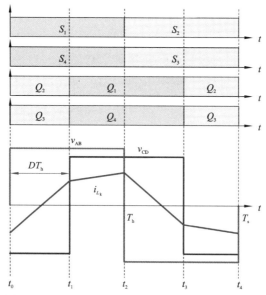

图 2.2　DAB DC-DC 变换器的相关电压和电流波形

T_s 代表开关周期

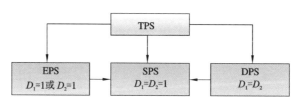

图 2.3　各种移相调制策略之间的关系

通过运用线性分段时域法，在不同的运行模式和不同的时间段下，可建立 DAB DC-DC 变换器的线性分段时域模型。由于 DAB DC-DC 变换器结构的对称性，移相角 (D_1, D_2, D_3) 下的工作模式可以相应地转换为移相角 (D_1', D_2', D_3') 下的另一种工作模式。根据移相角 (D_1, D_2, D_3) 的完全重叠、部分重叠和无重叠的不同组合，在 TPS 调制下，DAB DC-DC 变换器存在 6 个不同的工作模式和对应的 6 个互补工作模式[2,3]。DAB DC-DC 变换器的 12 种工作模式所对应的关键模型波形和各个模式的移相角约束如图 2.4 所示。

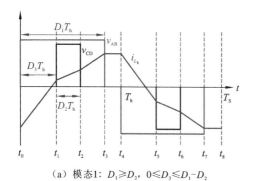

（a）模态1：$D_1 \geqslant D_2$, $0 \leqslant D_3 \leqslant D_1 - D_2$　　　（b）模态1′：$D_1 \geqslant D_2$, $0 \leqslant D_3 \leqslant D_1 - D_2$

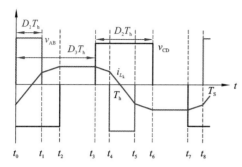

（c）模态2：$D_2 \geqslant D_1$，$1+D_1-D_2 \leqslant D_3 \leqslant 1$

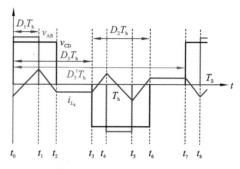

（d）模态2′：$D_2 \geqslant D_1$，$1+D_1-D_2 \leqslant D_3 \leqslant 1$

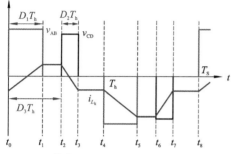

（e）模态3：$D_2 \leqslant 1-D_1$，$D_1 \leqslant D_3 \leqslant 1-D_2$

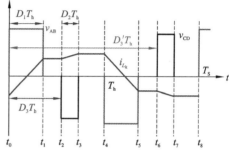

（f）模态3′：$D_2 \leqslant 1-D_1$，$D_1 \leqslant D_3 \leqslant 1-D_2$

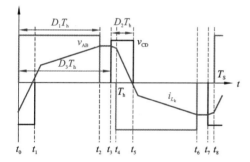

（g）模态4：$D_1 \leqslant D_3 \leqslant 1$，$1-D_3 \leqslant D_2 \leqslant 1-D_3+D_1$

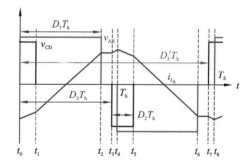

（h）模态4′：$D_1 \leqslant D_3 \leqslant 1$，$1-D_3 \leqslant D_2 \leqslant 1-D_3+D_1$

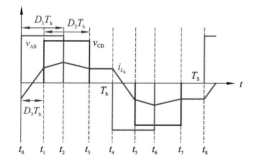

（i）模态5：$D_1-D_3 \leqslant D_2 \leqslant 1-D_3$，$0 \leqslant D_3 \leqslant D_1$

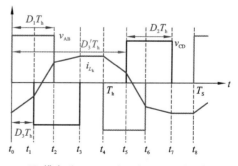

（j）模态5′：$D_1-D_3 \leqslant D_2 \leqslant 1-D_3$，$0 \leqslant D_3 \leqslant D_1$

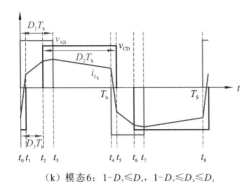 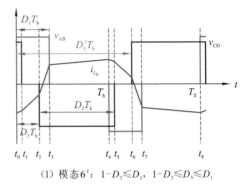

（k）模态6：$1-D_2 \leqslant D_1$，$1-D_2 \leqslant D_3 \leqslant D_1$　　　　（l）模态6′：$1-D_2 \leqslant D_1$，$1-D_2 \leqslant D_3 \leqslant D_1$

图 2.4　DAB DC-DC 变换器 12 种工作模态

由图 2.1（b）可知，由于 DAB DC-DC 变换器的对称性，其平均传输功率 P 可以通过初级侧全桥交流电压 v_{AB} 或者次级侧全桥交流电压 v_{CD}，与流过等效电感 L_k 的电流 i_{L_k} 在半个周期内的积分进行计算，具体计算公式如下：

$$P = \frac{1}{T_h} \int_0^{T_h} v_{AB} i_{L_k} \mathrm{d}t = \frac{1}{T_h} \int_0^{T_h} n \cdot v_{CD} i_{L_k} \mathrm{d}t \tag{2.1}$$

对于 DAB DC-DC 变换器，在 SPS 调制下且其移相角 $D = 0.5$ 时能够传输的最大功率 P_{omax} 如下：

$$P_{omax} = \frac{nV_1 V_2}{8 f_s L_k} \tag{2.2}$$

式中，n 为变压器的匝数比；V_1 为输入侧直流电压；V_2 为输出侧直流电压；f_s 为 DAB DC-DC 变换器的开关频率。其归一化传输功率 P_{on} 可以定义为

$$P_{on} = P_o / P_{omax} \tag{2.3}$$

根据图 2.4 所示的关键波形，每个模态下都对应单独的传输功率计算公式和传输功率范围。对于某个特定的传输功率，可以采用几种不同的工作模态来满足功率要求。表 2.1 所示为各个工作模态所对应的传输功率范围和计算公式。

表 2.1　DAB DC-DC 变换器各个工作模态所对应的传输功率范围和计算公式

工作模态	功率范围/p.u.	传输功率计算公式
模态 1	-0.5~0.5	$P_{pu} = 2(D_2^2 - D_1 D_2 + 2 D_2 D_3)$
模态 1′	-0.5~0.5	$P_{pu} = -2(D_2^2 - D_1 D_2 + 2 D_2 D_3)$
模态 2	-0.5~0.5	$P_{pu} = 2(D_1^2 - D_1 D_2 + 2 D_1 - 2 D_1 D_3)$
模态 2′	-0.5~0.5	$P_{pu} = -2(D_1^2 - D_1 D_2 + 2 D_1 - 2 D_1 D_3)$
模态 3	0~0.5	$P_{pu} = 2 D_1 D_2$
模态 3′	-0.5~0	$P_{pu} = -2 D_1 D_2$

续表

工作模态	功率范围/p.u.	传输功率计算公式
模态 4	0~0.67	$P_{pu} = 2(-D_2^2 - D_3^2 + 2D_2 + 2D_3 - 2D_2D_3 + D_1D_2 - 1)$
模态 4′	−0.67~0	$P_{pu} = -2(-D_2^2 - D_3^2 + 2D_2 + 2D_3 - 2D_2D_3 + D_1D_2 - 1)$
模态 5	0~0.667	$P_{pu} = 2(-D_1^2 - D_3^2 + D_1D_2 + 2D_1D_3)$
模态 5′	−0.667~0	$P_{pu} = -2(-D_1^2 - D_3^2 + D_1D_2 + 2D_1D_3)$
模态 6	0~1	$P_{pu} = 2(-D_1^2 - D_2^2 - 2D_3^2 + 2D_3 - 2D_2D_3 + D_1D_2 + 2D_1D_3 + 2D_2 - 1)$
模态 6′	−1~0	$P_{pu} = -2(-D_1^2 - D_2^2 - 2D_3^2 + 2D_3 - 2D_2D_3 + D_1D_2 + 2D_1D_3 + 2D_2 - 1)$

为了分析 DAB DC-DC 变换器中各个工作模态的稳态性能指标（如功率损耗、软开关性能、均方根电流、峰值电流等），需要给出电感电流的精确表达式。由于 DAB DC-DC 变换器的对称性，其正半周期和负半周期的电流和电压波形是关于横坐标半波对称的，只需分析 DAB DC-DC 变换器正半周期的相关电压和电流即可。基于此，表 2.2 所示为 DAB DC-DC 变换器中各个工作模态中不同时刻的归一化电流计算公式，表 2.3 所示为 DAB DC-DC 变换器中各个工作模态中归一化均方根电流 I_{rms_n} 的计算公式。表 2.2 和表 2.3 中的瞬时电流和均方根电流都归一化为 $nV_2/(4f_sL_k)$。

表 2.2　DAB DC-DC 变换器中各个工作模态中不同时刻的电流计算公式（归一化为 $nV_2/(4f_sL_k)$）

工作模态	$i_{L_k-n}(t_0)$	$i_{L_k-n}(t_1)$	$i_{L_k-n}(t_2)$	$i_{L_k-n}(t_3)$
模态 1	$-kD_1+D_2$	$-kD_1+2kD_3+D_2$	$-kD_1+2kD_2+2kD_3-D_2$	kD_1-D_2
模态 1′	$-kD_1-D_2$	$-kD_1+2kD_3-D_2$	$-kD_1+2kD_2+2kD_3+D_2$	kD_1+D_2
模态 2	$-kD_1+2-D_2-2D_3$	$kD_1+2D_1-D_2+2-2D_3$	kD_1+D_2	kD_1+D_2
模态 2′	$-kD_1-2+D_2+2D_3$	$kD_1-2D_1+D_2-2+2D_3$	kD_1-D_2	kD_1-D_2
模态 3	$-kD_1+D_2$	kD_1+D_2	kD_1+D_2	kD_1-D_2
模态 3′	$-kD_1-D_2$	kD_1-D_2	kD_1-D_2	kD_1+D_2
模态 4	$-kD_1+2-D_2-2D_3$	$-kD_1-2k+2kD_2+2kD_3+D_2$	kD_1+D_2	kD_1+D_2
模态 4′	$-kD_1-2+D_2+2D_3$	$-kD_1-2k+2kD_2+2kD_3-D_2$	kD_1-D_2	kD_1-D_2
模态 5	$-kD_1+D_2$	$-kD_1+2kD_3+D_2$	$kD_1-2D_1+D_2+2D_3$	kD_1-D_2
模态 5′	$-kD_1-D_2$	$-kD_1+2kD_3-D_2$	$kD_1+2D_1-D_2-2D_3$	kD_1+D_2
模态 6	$-kD_1-D_2-2D_3+2$	$-kD_1+2kD_2+2kD_3+D_2-2k$	$-kD_1+2kD_3+D_2$	$kD_1-2D_1+D_2+2D_3$
模态 6′	$-kD_1+D_2+2D_3-2$	$-kD_1+2kD_2+2kD_3-D_2-2k$	$-kD_1+2kD_3-D_2$	$kD_1+2D_1-D_2-2D_3$

表 2.3　DAB DC-DC 变换器中各个工作模态的均方根电流计算公式（归一化为 $nV_2/(4f_sL_k)$）

工作模态	归一化电感均方根电流 I_{rms_n}
模态 1	$\sqrt{i_{L_k}^2(t_3)(1-D_1)+\dfrac{2f_sL_k}{3}\left[\dfrac{i_{L_k}^3(t_1)-i_{L_k}^3(t_0)}{V_1}+\dfrac{i_{L_k}^3(t_2)-i_{L_k}^3(t_1)}{V_1-nV_2}+\dfrac{i_{L_k}^3(t_3)-i_{L_k}^3(t_2)}{V_1}\right]}$
模态 1′	$\sqrt{i_{L_k}^2(t_3)(1-D_1)+\dfrac{2f_sL_k}{3}\left[\dfrac{i_{L_k}^3(t_1)-i_{L_k}^3(t_0)}{V_1}+\dfrac{i_{L_k}^3(t_2)-i_{L_k}^3(t_1)}{V_1+nV_2}+\dfrac{i_{L_k}^3(t_3)-i_{L_k}^3(t_2)}{V_1}\right]}$
模态 2	$\sqrt{i_{L_k}^2(t_2)(1-D_2)+\dfrac{2f_sL_k}{3}\left[\dfrac{i_{L_k}^3(t_1)-i_{L_k}^3(t_0)}{V_1+nV_2}+\dfrac{i_{L_k}^3(t_2)-i_{L_k}^3(t_1)}{nV_2}+\dfrac{i_{L_k}^3(t_0)+i_{L_k}^3(t_3)}{nV_2}\right]}$
模态 2′	$\sqrt{i_{L_k}^2(t_2)(1-D_2)+\dfrac{2f_sL_k}{3}\left[\dfrac{i_{L_k}^3(t_1)-i_{L_k}^3(t_0)}{V_1-nV_2}-\dfrac{i_{L_k}^3(t_2)-i_{L_k}^3(t_1)}{nV_2}-\dfrac{i_{L_k}^3(t_0)+i_{L_k}^3(t_3)}{nV_2}\right]}$
模态 3	$\sqrt{i_{L_k}^2(t_1)(D_3-D_1)+i_{L_k}^2(t_3)(1-D_2-D_3)+\dfrac{2f_sL_k}{3}\left[\dfrac{i_{L_k}^3(t_1)-i_{L_k}^3(t_0)}{V_1}-\dfrac{i_{L_k}^3(t_3)-i_{L_k}^3(t_2)}{nV_2}\right]}$
模态 3′	$\sqrt{i_{L_k}^2(t_1)(D_3-D_1)+i_{L_k}^2(t_3)(1-D_2-D_3)+\dfrac{2f_sL_k}{3}\left[\dfrac{i_{L_k}^3(t_1)-i_{L_k}^3(t_0)}{V_1}+\dfrac{i_{L_k}^3(t_3)-i_{L_k}^3(t_2)}{nV_2}\right]}$
模态 4	$\sqrt{i_{L_k}^2(t_3)(D_3-D_1)+\dfrac{2f_sL_k}{3}\left[\dfrac{i_{L_k}^3(t_1)-i_{L_k}^3(t_0)}{V_1+nV_2}+\dfrac{i_{L_k}^3(t_2)-i_{L_k}^3(t_1)}{V_1}+\dfrac{i_{L_k}^3(t_3)+i_{L_k}^3(t_0)}{nV_2}\right]}$
模态 4′	$\sqrt{i_{L_k}^2(t_3)(D_3-D_1)+\dfrac{2f_sL_k}{3}\left[\dfrac{i_{L_k}^3(t_1)-i_{L_k}^3(t_0)}{V_1-nV_2}+\dfrac{i_{L_k}^3(t_2)-i_{L_k}^3(t_1)}{V_1}-\dfrac{i_{L_k}^3(t_3)+i_{L_k}^3(t_0)}{nV_2}\right]}$
模态 5	$\sqrt{i_{L_k}^2(t_3)(1-D_2-D_3)+\dfrac{2f_sL_k}{3}\left[\dfrac{i_{L_k}^3(t_1)-i_{L_k}^3(t_0)}{V_1}+\dfrac{i_{L_k}^3(t_2)-i_{L_k}^3(t_1)}{V_1-nV_2}-\dfrac{i_{L_k}^3(t_3)-i_{L_k}^3(t_2)}{nV_2}\right]}$
模态 5′	$\sqrt{i_{L_k}^2(t_3)(1-D_2-D_3)+\dfrac{2f_sL_k}{3}\left[\dfrac{i_{L_k}^3(t_1)-i_{L_k}^3(t_0)}{V_1}+\dfrac{i_{L_k}^3(t_2)-i_{L_k}^3(t_1)}{V_1+nV_2}+\dfrac{i_{L_k}^3(t_3)-i_{L_k}^3(t_2)}{nV_2}\right]}$
模态 6	$\sqrt{\dfrac{2f_sL_k}{3}\left[\dfrac{i_{L_k}^3(t_1)-i_{L_k}^3(t_0)}{V_1+nV_2}+\dfrac{i_{L_k}^3(t_2)-i_{L_k}^3(t_1)}{V_1}+\dfrac{i_{L_k}^3(t_3)-i_{L_k}^3(t_2)}{V_1-nV_2}+\dfrac{i_{L_k}^3(t_0)+i_{L_k}^3(t_3)}{nV_2}\right]}$
模态 6′	$\sqrt{\dfrac{2f_sL_k}{3}\left[\dfrac{i_{L_k}^3(t_1)-i_{L_k}^3(t_0)}{V_1-nV_2}+\dfrac{i_{L_k}^3(t_2)-i_{L_k}^3(t_1)}{V_1}+\dfrac{i_{L_k}^3(t_3)-i_{L_k}^3(t_2)}{V_1+nV_2}-\dfrac{i_{L_k}^3(t_0)+i_{L_k}^3(t_3)}{nV_2}\right]}$

根据表 2.2 可知，DAB DC-DC 变换器的峰值电流即为正半周期内各时刻电流绝对值的最大值。因此，每个模态的电流峰值 I_p 可以定义如下：

$$I_p = \max\{|i_{L_k}(t_0)|,|i_{L_k}(t_1)|,|i_{L_k}(t_2)|,|i_{L_k}(t_3)|\} \tag{2.4}$$

对 DAB DC-DC 变换器而言，开关管的 ZVS 性能是十分必要的。如果开关管没有实现零电压开通，那么在开通瞬间会带来一定的电压尖峰和电压振荡，进而导致一定的开通损耗。为了使开关管获得 ZVS 性能，流过开关管的漏源电流在其开通之前必须小于等于 0。根据图 2.2 中电压和电流波形，可知开关管（$S_1\sim S_4$，$Q_1\sim Q_4$）的 ZVS 约束可表示如下：

$$\begin{cases} i_{L_k}\big|_{t=\text{turn on}} \leqslant 0 & \text{For}: S_1, S_2, Q_1, Q_2 \\ i_{L_k}\big|_{t=\text{turn on}} \geqslant 0 & \text{For}: S_3, S_4, Q_3, Q_4 \end{cases} \tag{2.5}$$

当开关管开通时刻漏源电流等于 0 时，该开关管实现了临界 ZVS，这也会导致一定的开通损耗。但是，同一桥臂的另一个开关管会实现零电流关断，即实现了零电流开关（zero current switching，ZCS）关断。

根据图 2.4 所示的各模态电压和电流波形可知，DAB DC-DC 变换器的每个模态若要所有的开关管实现 ZVS 或者临界 ZVS，对应的各个时刻的电感电流均需要单独分析。表 2.4 所示为 DAB DC-DC 变换器中各个工作模态所对应的 ZVS 约束条件。

表 2.4　DAB DC-DC 变换器中各个工作模态所对应的 ZVS 约束条件

工作模态	ZVS 约束条件
模态 1	$i_{L_k}(t_0) \leqslant 0, i_{L_k}(t_1) = 0, i_{L_k}(t_2) = 0$
模态 1′	$i_{L_k}(t_0) \leqslant 0, i_{L_k}(t_1) \leqslant 0, i_{L_k}(t_2) \geqslant 0$
模态 2	$i_{L_k}(t_0) \leqslant 0, i_{L_k}(t_1) \geqslant 0, i_{L_k}(t_2) \geqslant 0$
模态 2′	$i_{L_k}(t_0) \leqslant 0, i_{L_k}(t_1) \geqslant 0, i_{L_k}(t_2) \leqslant 0$
模态 3	$i_{L_k}(t_0) = 0, i_{L_k}(t_1) \geqslant 0$
模态 3′	$i_{L_k}(t_0) \leqslant 0, i_{L_k}(t_1) = 0$
模态 4	$i_{L_k}(t_0) \leqslant 0, i_{L_k}(t_1) \geqslant 0, i_{L_k}(t_2) \geqslant 0$
模态 4′	$i_{L_k}(t_0) \leqslant 0, i_{L_k}(t_1) \leqslant 0, i_{L_k}(t_2) = 0$
模态 5	$i_{L_k}(t_0) = 0, i_{L_k}(t_1) \geqslant 0, i_{L_k}(t_2) \geqslant 0$
模态 5′	$i_{L_k}(t_0) \leqslant 0, i_{L_k}(t_1) \leqslant 0, i_{L_k}(t_2) \geqslant 0$
模态 6	$i_{L_k}(t_0) \leqslant 0, i_{L_k}(t_1) \geqslant 0, i_{L_k}(t_2) \geqslant 0, i_{L_k}(t_3) \geqslant 0$
模态 6′	$i_{L_k}(t_0) \leqslant 0, i_{L_k}(t_1) \leqslant 0, i_{L_k}(t_2) \leqslant 0, i_{L_k}(t_3) \geqslant 0$

2.2　基于强化学习和人工神经网络的 DAB 调制优化技术

对 DAB DC-DC 变换器而言，当其电感的峰值电流增加时，将会导致设备的器件成本增加，如在高输入电压和轻载条件下需要更大的磁芯。过大的电流应力可能会导致效率降低，甚至会损坏功率器件等。从 DAB DC-DC 变换器的损耗方面来分析，当其电感的峰值电流增加时，相应的开关器件在开通或者关断时刻所导致的开关损耗会增加。此外，与峰值电流相对应的均方根电流也可能会增加，DAB DC-DC 变换器中开关管和磁性元件的导通损耗与均方根电流的平方成正比，对应的导通损耗会随着均方根电流的增加而呈现指数增长趋势。因此，峰值电流是 DAB DC-DC 变换器的重要性能指标，降低其峰值电流对提高 DAB DC-DC 变换器的传输效率具有重要意义。

2.1 节已经讨论了 DAB DC-DC 变换器的线性时域模型，本节将会基于强化学习+人工神经网络（artificial neural network，ANN）的 TPS 调制策略，以降低 DAB DC-DC 变换器的电流应力。具体来说，运用 Q learning（Q 学习）算法和 BP（back propagation，反向传播）神经网络分别进行两次训练，以获得最小电流应力所对应的 TPS 调制策略。具体的优化设计过程和分析将在下面的各小节中给出。

2.2.1 强化学习+人工神经网络结构

图 2.5 所示为基于 RL+ANN 的 DAB DC-DC 变换器最小电流应力方案的完整工作流程。根据图 2.5 可以看出，其主要包括优化阶段、拟合阶段和控制阶段三个部分。

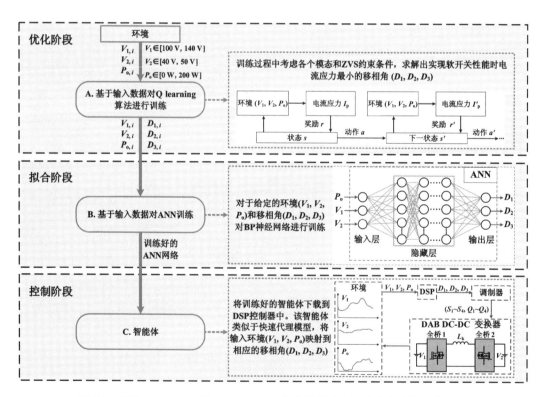

图 2.5　基于 RL + ANN 的 DAB DC-DC 变换器最小电流应力方案的工作流程

第一个阶段为优化阶段。运用强化学习中的经典算法 Q learning 根据不同的输入参数 (V_1, V_2, P_o) 以最小电流应力为目标进行离线训练，并将相应的训练结果存储到对应的 Q 值表中，使其可以在不同的传输功率和电压转换比 $k(k=V_1/(nV_2))$ 下降低峰值电流，提高传输效率。在 Q learning 算法训练过程中同时考虑了 ZVS 约束和每种有效的运行模态，以每个功率开关都可以在整个工作范围内获得软开关性能条件下的最小电流应力为目标进行训练。

第二个阶段为拟合阶段。利用 ANN 方法来拟合 Q learning 算法的训练结果，以减少实际控制中的计算时间和内存分配。基于给定的环境(V_1, V_2, P_o)和移相角(D_1, D_2, D_3)对 BP 神经网络进行训练。基于此，将训练好的智能体下载到微处理器中，如数字信号处理器（digital signal processor，DSP）。该智能体类似于一个快速代理预测器，可以在整个连续的运行范围内为 DAB DC-DC 变换器提供实时的优化调制策略。

第三个阶段为控制阶段。需要将训练好的智能体下载到控制器中，类似于快速代理模型，根据环境快速映射对应的动作。

接下来，将对 Q learning 的算法结构、训练过程中对应的目标函数和奖励函数的选取和详细的训练过程，以及 ANN 的算法结构、训练过程和相应的训练结果进行分析。

2.2.2　Q learning 算法结构

Q learning 是一种典型的强化学习算法，它具有最简单的 Q 函数，并通过 Q 值表来记录学到的经验。因此，Q learning 算法适用于解决 DAB DC-DC 变换器的电流应力优化问题。本小节运用 Q learning 算法求解最小电流应力所对应的优化调制策略。相应的状态空间 S、动作空间 A、奖励函数 $r(s, a)$ 和 Q 值的更新方式定义如下。

1. 状态空间 S

对 DAB DC-DC 变换器而言，其环境状态通常由输入直流电压 V_1、输出电压 V_2 和传输功率 P_o 组成。对于某一环境状态，对应的峰值电流 I_p 由变换器的移相角(D_1, D_2, D_3)决定。本小节的目的是利用 Q learning 算法获得峰值电流最小时的移相角。因此，将状态空间 S 定义为

$$S=[D_1, D_2, D_3] \tag{2.6}$$

2. 动作空间 A

根据马尔可夫决策过程（Markov decision process，MDP）的定义，在强化学习方法中上一时刻的动作决定了当前时刻状态的变化，利用 Q learning 算法求解 DAB DC-DC 变换器最优调制量的过程实质是从当前状态 s 通过一定的动作策略到达最优控制状态 s^* 的过程。系统状态取决于 D_1、D_2、D_3 的变化，通过改变 D_1、D_2、D_3 的值可以实现状态之间的转移。D_1、D_2、D_3 在区间内是连续变化的，因此需要根据传输功率与移相角之间的灵敏度来量化状态 s 的值。将变量空间 C_{D_i} 定义为

$$C_{D_i} =[0,\pm 1]\times \delta, \quad i=1,2,3 \tag{2.7}$$

式中，δ 为状态的变化量。D_1、D_2、D_3 每次的变化量可表示为

$$\Delta D \in C_{D_i} \tag{2.8}$$

因此，将系统的动作空间 A 定义为

$$A = \{C_{D_1}, C_{D_2}, C_{D_3}\} \tag{2.9}$$

整个系统的动作空间包含 27 种动作。在执行动作 a 后，更新为下一个状态：

$$s' = s + a \tag{2.10}$$

例如，在执行动作 $a = \{0, 0, 0\}$ 后，系统保持原来的状态不变；在执行动作 $a = \{\delta, -\delta, 0\}$ 后，系统从状态 $s = [D_1, D_2, D_3]$ 转移至状态 $s' = [D_1 + \delta, D_2 - \delta, D_3]$。

3. 奖励函数 $r(s, a)$

Q learning 算法的目的是找到最小峰值电流所对应的移相角 (D_1, D_2, D_3)，因此目标函数 $g(x)$ 可定义为

$$g(x) = \min[I_p] \tag{2.11}$$

式中，I_p 为当前状态下对应的移相角 (D_1, D_2, D_3) 计算得到的电流峰值，如式（2.4）所示。根据 DAB DC-DC 变换器的工作原理和运行模式，对应的约束条件可定义为

$$\begin{cases} P_o = P_o' \\ D_1 \in [-1, 1] \\ D_2 \in [-1, 1] \\ D_3 \in [-1, 1] \end{cases} \tag{2.12}$$

式中，P_o 为训练过程中计算得到的传输功率；P_o' 为期望的传输功率。由于存在非线性等式约束 $P_o' = P_o$，所以将传输功率误差 $\mu(D_1, D_2, D_3)$ 定义为

$$\mu(D_1, D_2, D_3) = |P_o' - P_o| \tag{2.13}$$

为了得到最小的功率误差和最小的峰值电流，将目标函数 $G(D_1, D_2, D_3)$ 定义如下：

$$G(D_1, D_2, D_3) = \beta \cdot I_p(D_1, D_2, D_3) + \lambda \cdot \mu(D_1, D_2, D_3) \tag{2.14}$$

式中，β 和 λ 为对应的惩罚系数。在 Q learning 算法的训练中，如果当前移相角 (D_1, D_2, D_3) 满足表 2.4 中的 ZVS 约束，则 β 的值取 1。否则，β 的值应要选取得大一些，以避免 Q learning 算法学习的动作无法实现 ZVS 开通。基于此，一旦无法满足 ZVS 约束条件，β 的值就选择为 10。如果 λ 值选得太小会导致较大的功率误差，而 λ 值选得太大会导致电流应力性能变差。在此基础上，针对不同的训练过程，采用试错法将 λ 设置为 50。

基于此，DAB DC-DC 变换器的性能可以通过目标函数 G 来评估，目标函数 G 的值越小，则表示其性能越好。为了评价所选动作的好坏，定义一个奖励函数 $r(s, a)$：

$$r(s, a) = \begin{cases} 20, & G_c \leqslant G_{min} \\ -\left| \dfrac{\Delta G}{G_{ref}} \right|, & G_{ref} > \Delta G \geqslant 0 \\ 1, & \Delta G < 0 \\ -1, & \text{其他情况} \end{cases} \tag{2.15}$$

式中，G_{ref} 为目标函数 G 所对应的参考值，并且 G_{ref} 的值大于 0；G_{min} 为目标函数 G 所

对应的最小值；ΔG 为相邻两个状态的目标函数的差，其表达式为

$$\Delta G = G_c - G_p \tag{2.16}$$

式中，G_c 为当前状态下的损耗；G_p 为上一状态的损耗。根据式（2.16）可知，系统的奖励函数取决于损耗的增量。当 $\Delta G > 0$ 时，说明当前状态的峰值电流大于上一状态的峰值电流，此时给予该动作一个负的奖励值，并且增量越大，奖励值越小。当 $\Delta G < 0$ 时，说明在执行该动作后对应的峰值电流减小，此时给予该动作一个正的奖励值。当系统的电流应力小于定义的最小损耗值 G_{min} 时，给予一个很大的奖励值，表明已从初始状态达到最佳的状态。

4. Q 值表的更新和动作的选取

作为一种增量动态规划算法，Q learning 算法的最优策略是通过逐步迭代确定的。对于策略 π，Q 值可以通过如下公式进行计算：

$$Q^{\pi}(s,a) = R_s(a) + \gamma \sum_{s'} P_{ss'}[\pi(s)]V^{\pi}(s') \tag{2.17}$$

式中，s' 表示下一状态；$R_s(a)$ 为在状态 s 获得的平均奖励值；γ 为折扣因子；$P_{ss'}[\pi(s)]$ 为策略 π 下的状态转移概率；$V^{\pi}(s)$ 为状态 s 时经过策略 π 的期望值；$V^{\pi}(s')$ 为下一状态 s' 时经过策略 π 的期望值。学习过程结束后，$V^{\pi}(s)$ 将收敛于 $V^*(s)$，其中 $V^*(s)$ 的表达式为

$$V^*(s_k) = \max_a \{R_s(a) + \gamma \sum_{s'} P_{ss'}[a]V^{\pi^*}(s')\} \tag{2.18}$$

式中，k 为迭代的次数，$V^*(s_k)$ 表示第 k 次迭代下的 $V^*(s)$。事实上，智能体的状态转移过程可以看作马尔可夫决策过程。因此，Q 值表的更新可通过如下公式：

$$Q^{k+1}(s,a) = Q^k(s,a) + \alpha[r^k + \gamma \max_{a' \in A} Q^k(s',a') - Q^k(s,a)] \tag{2.19}$$

式中，α 为学习率；$Q^k(s,a)$ 为状态 s 和动作 a 下的 Q 值；a' 表示下一动作。

为了使 DAB DC-DC 变换器获得最小电流应力下的移相角，基于 ε-贪心（ε-greedy）策略选择动作。在尽可能多地采用探索策略时，尝试探索新的运行策略，并保留每个策略下的最优状态。每一阶段训练的 G_{min} 为上一阶段训练获得的最低电流应力状态。在 N 次学习之后，选择最小的 G_{min} 值作为式（2.10）中的参数，运用最大 Q 值进行动作选择，直到学习到的策略收敛，如下式表示：

$$a' = \arg\max_{a \in A} Q(s,a) \tag{2.20}$$

2.2.3　Q learning 算法训练

Q learning 算法的主要目标是在 DAB DC-DC 变换器的整个运行范围内求解最小电流应力所对应的最优调制策略，因此 Q learning 算法的关键训练参数选择是非常重要的。表 2.5 所示为本书所述 DAB DC-DC 变换器的关键电路参数，后面章节的相关研究也是基于此电路参数。

表 2.5　DAB DC-DC 变换器的关键电路参数

参数	数值
额定传输功率 P_{base}/W	200
输入电压范围 V_1/V	100～140
输出电压范围 V_2/V	40～50
初级侧开关管型号（S_1～S_4）	IPB17N25S3-100（250 VDC,17 A）
次级侧开关管型号（Q_1～Q_4）	IRL530NPBF（100 VDC,17 A）
变压器匝数比（$n:1$）	1:1
开关频率 f_s/kHz	50
串联电感 L_k/μH	41

表 2.6 所示为 Q learning 算法的关键训练参数。一般来说，α 的值较小会减慢训练速度。因此，α 的取值范围通常为 0.8 到 1，γ 的取值范围通常为 0 到 1，当动作对当前状态产生较大的影响时，应选择较大的 γ 值。基于此，运用 Grid Search（网格搜索）方法将 α 和 γ 的值都设置为 0.9[4]。

表 2.6　Q learning 算法的关键训练参数

参数	数值
学习率 α	0.9
折扣因子 γ	0.9
状态量 δ	5×10^{-4}
目标函数 G 的参考值 G_{ref}	15
最大训练回合数 N_T	10^5
每个优化过程的训练次数 N_i	5000
前一状态目标函数 G 的最小参考值 G_{min}	20
基于 ε-greedy 策略的探索次数 M	10^4

在 DAB DC-DC 变换器中，其传输效率和相应的稳态性能对移相角 (D_1, D_2, D_3) 的值很敏感，这表明移相角 (D_1, D_2, D_3) 的微小变化可能会对其性能产生较大的影响。因此，状态量 δ 设置为 5×10^{-4}，这确保了训练过程中移相角 (D_1, D_2, D_3) 的足够精度。每个优化过程的训练次数 N_i 设置为 5000，以避免 Q learning 算法陷入错误的探索方向并尽快跳出。最大训练次数 N_T 设置为 10^5，以保证 Q learning 算法在训练过程中能够得到充分的探索。目标函数 G 的参考值 G_{ref} 的作用是将相邻两个状态的目标函数的差 ΔG 的值映射到 0～1

的范围内。根据表 2.5 中所列 DAB DC-DC 变换器的关键设计参数，将 G_{ref} 设置为 15。将前一状态目标函数 G 的最小参考值 G_{min} 粗略估计为 20。G_{min} 的值将在训练过程中不断地被更新。

Q learning 算法的训练过程如下：

（1）初始化 Q learning 参数 G_{min}、P、V_1、V_2

（2）创建状态空间、动作空间和 Q 值表

（3）设置 N_T，α，γ，G_{ref}，$M_{cont}=0$

（4）for each episode do

（5）　　初始化 D_1，D_2，D_3

（6）　　基于初始化状态 s，选择动作 a

（7）　　设置 $N_i=0$

（8）　　　　while（not meet episode end condition）do

（9）　　　　　　运用式（2.15）计算上一状态 s 执行动作 a 后的奖励值 $r(s,a)$

（10）　　　　　　运用式（2.10）计算下一状态 s'

（11）　　　　　　运用式（2.19）更新 Q 值表

（12）　　　　　　if $M_{cont} < M$ do

（13）　　　　　　　　基于 ε-greedy 策略，选择动作 a

（14）　　　　　　else do

（15）　　　　　　　　运用式（2.20）选择动作 a'

（16）　　　　　　end if

（17）　　　　　更新状态和动作：$s=s'$，$a=a'$

（18）　　　　　$N_i = N_i + 1$

（19）　　　　end while

（20）　　　$M_{cont} = M_{cont} + 1$

（21）end for

Q learning 算法包括两个过程。第一个过程的主要目的是通过 ε-greedy 策略得到 G_{min} 的最小值。第二个过程的主要目的是寻找获得最优状态的动作策略。由于动作 a 最终取决于最大 Q 值，选取基于最大 Q 值的动作作为第二个过程的准则，以减轻训练负担，提高学习速度。在 Q learning 算法的学习过程中，定义了两个终止条件：①连续 M 次满足 $G_c \leqslant G_{min}$ 条件时，认为算法收敛，结束训练；②当达到最大训练次数 N_T 时，结束训练。

在 Q learning 算法的训练完成后，训练结果会存储在一个 Q 值表中。查询该 Q 值表时，对应的查询输入值包括输入电压 V_1、输出电压 V_2 和传输功率 P_o。输入值的相应范围如表 2.5 所示，其中输入电压 V_1 从 100 V 变化到 140 V，输出电压 V_2 的范围为 40 V 到 50 V，传输功率 P_o 从 0 W 变化到 200 W。将输入电压 V_1、输出电压 V_2 和传输功率 P_o 的间隔设为 0.5，在保证相应精度下减少表格的体积。在实际应用中，当检测到相应

的输入量(V_1, V_2, P_o)时，首先对其进行量化，然后直接从该表格中找到相应的行动策略(D_1, D_2, D_3)。

综上所述，本小节采用 Q learning 算法求解 DAB DC-DC 变换器的电流应力优化调制策略。在训练过程中，利用奖励函数 $r(s, a)$ 来寻找目标函数 G 的最小值。通过建立相应的算法模型，选择合适的训练参数，可以得到整个运行范围内最小电流应力所对应的最佳移相角(D_1, D_2, D_3)。

2.2.4 BP 神经网络算法及训练

Q learning 算法的训练结果需要保存在相应的 Q 值表中，当 DAB DC-DC 变换器的运行范围较大时，会导致该表格所存储的数据量也非常大。通常微处理器的内存和速度都有限，为了减小 Q 值表的内存，如果将输入电压 V_1、输出电压 V_2 和传输功率 P_o 的训练间隔设置过大，会降低控制精度。此外，这种表格也无法实现连续的控制。

为了解决这个问题，本小节将 Q learning 算法训练后得到的最优移相角(D_1, D_2, D_3)用于训练一个神经网络，以减少存储生成数据所需的计算时间和内存分配。神经网络具有并行机制，因此具有计算速度快的优点。经 ANN 的训练，可以直接在整个连续运行范围内得到相应的移相角(D_1, D_2, D_3)。

ANN 通常由输入层、隐藏层和输出层组成，如图 2.5 所示。作为典型的 ANN 算法，BP 神经网络是一种按照误差逆向传播算法训练的多层前馈神经网络，具有强大的非线性映射能力和灵活的网络结构。选用均方误差（mean square error，MSE）作为 BP 神经网络输出和目标输出之间的价值函数。使用输入和输出数据点执行 BP 神经网络的训练，其中输入数据包含状态量(V_1, V_2, P_o)，输出数据为对应的移相角(D_1, D_2, D_3)。更具体地说，在 BP 神经网络的训练过程中，随机选择总样本的 90% 作为训练数据，而将其他 10% 的样本作为验证数据。

在 BP 神经网络的设计中，包含 1 个输入层、2 个隐藏层和 1 个输出层，其中输入层包含 3 个变量(V_1, V_2, P_o)，输出层包含 3 个变量(D_1, D_2, D_3)。将 Sigmoid 激活函数用于隐藏层和输出层。在训练过程中，使用随机梯度下降（stochastic gradient descent，SGD）法来逐步调整各层间的输入权重和偏置，以防止训练时数据过拟合。

BP 神经网络的主要超参数是学习率及每个隐藏层的神经元数量。为了选择适合的超参数，使用了 Grid Search 方法。学习率 α_A 的范围设置为从 10^{-6} 到 0.1，并且在每次尝试中将其值乘以 0.1。每个隐藏层神经元的范围设置为从 10 到 100，步长设置为 5。运用 Grid Search 方法，最终将 BP 神经网络的学习率 α_A 设置为 0.01，两个隐藏层神经元的个数均设置为 50，最大训练次数设置为 100000，目标均方误差选择为 5×10^{-6}。

BP 神经网络的训练结束后，训练好的智能体可以在整个连续运行范围内为 DAB DC-DC 变换器提供优化的调制策略(D_1, D_2, D_3)。训练效果可以通过相关系数 $r(X, Y)$ 来评估，具体计算公式如下：

$$r(X,Y) = \frac{\mathrm{Cov}(X,Y)}{\sqrt{\mathrm{Var}[X] \cdot \mathrm{Var}[Y]}} \tag{2.21}$$

式中，$\mathrm{Cov}(X, Y)$ 为 BP 神经网络的输出 X 和目标输出 Y 之间的协方差；$\mathrm{Var}[X]$ 为 BP 神经网络的输出 X 的方差；$\mathrm{Var}[Y]$ 为目标输出 Y 的方差。经过 100000 个回合的训练，得到的相关系数 $r(X, Y)$ 高达 99.99%。

图 2.6 所示为 BP 神经网络训练过程中的均方误差曲线，其中蓝色曲线表示训练误差，绿色曲线表示验证误差，红色曲线表示测试误差（扫封底二维码看彩图）。从图 2.6 可以看出，验证误差曲线与训练误差曲线几乎一致。当训练到 100000 回合时达到了最小均方误差，即 8.3025×10^{-5}。因此，经过训练的 BP 神经网络很好地拟合了 Q learning 算法的训练结果。

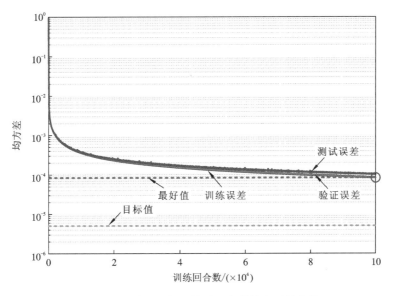

图 2.6　BP 神经网络训练过程中的均方误差曲线

整个训练过程结束后，训练好的智能体将被存储在一个微处理器中，如 DSP。当微处理器检测到 DAB DC-DC 变换器的运行环境 (V_1, V_2, P_o) 时，经过训练的 BP 神经网络智能体类似于一个快速代理预测模型，它能将输入参数 (V_1, V_2, P_o) 映射到相应的移相角 (D_1, D_2, D_3)，该移相角对应最小电流应力下的优化调制策略。

2.2.5　性能评价与比较

本节所提出的基于 RL+ANN 优化的三重移相（RL+ANN optimized TPS，RAPS）调制策略的主要目的是在整个运行范围内，为 DAB DC-DC 变换器提供最优的移相角 (D_1, D_2, D_3)，以使得变换器的电流应力最低。通过 MATLAB 仿真对本节所提出的 RAPS 方法进行评估和比较。仿真参数如表 2.5 所示，其中串联电感 L_k 设置为 41 μH。下面给出详细的性能评价和比较。

　　图 2.7 所示为 SPS 调制[5]、DPS 调制[6]、EPS 调制[7]和本节所提出的 RAPS 方法下归一化峰值电流 I_{pn} 随电压转换比 k 和归一化传输功率 P_{on} 的变化曲线（归一化为 $nV_2/(4F_sL_k)$）。其中，图 2.7（a）为电压转换比 $k=2.5$ 时，归一化峰值电流 I_{pn} 随归一化传输功率 P_{on} 的变化曲线；图 2.7（b）为电压转换比 $k=3.5$ 时，归一化峰值电流 I_{pn} 随归一化传输功率 P_{on} 的变化曲线；图 2.7（c）为归一化传输功率 $P_{on}=0.4$ 时，归一化峰值电流 I_{pn} 随电压转换比 k 的变化曲线；图 2.7（d）为归一化传输功率 $P_{on}=0.8$ 时，归一化峰值电流 I_{pn} 随电压转换比 k 的变化曲线。从图 2.7（a）和图 2.7（b）可以看出，在相同的电压转换比 k 下，4 种调制策略的电流应力都随着归一化传输功率 P_{on} 的增大而增大。如图 2.7（c）和图 2.7（d）所示，在相同的归一化传输功率 P_{on} 情况下，4 种调制方式的电流应力都随着电压转换比 k 的增大而增大。从图 2.7 可以看出，在整个工作范围内，DPS 调制、EPS 调制和本节所提出的 RAPS 方法中的电流应力都小于 SPS 调制。由于 DPS 调制和 EPS 调制方法容易陷入局部最优难以实现电流应力最小化控制，所以本节所提出的 RAPS 方法中电流应力均小于 DPS 调制和 EPS 调制。

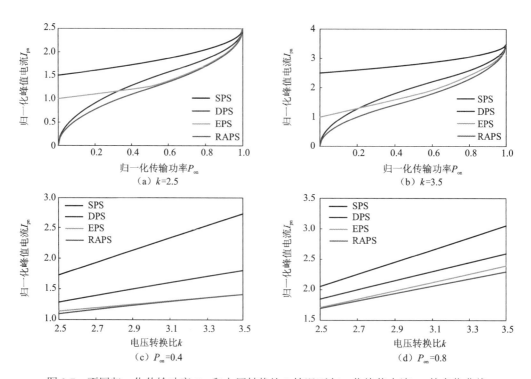

图 2.7　不同归一化传输功率 P_{on} 和电压转换比 k 情况下归一化峰值电流 I_{pn} 的变化曲线

　　图 2.8 所示为 SPS 调制[5]、DPS 调制[6]、EPS 调制[7]和本节所提出的 RAPS 方法的归一化均方根电流 I_{rms_n} 随电压转换比 k 和归一化传输功率 P_{on} 变化的曲线（归一化为 $nV_2/(4F_sL_k)$）。其中，图 2.8（a）为电压转换比 $k=2.5$ 时，归一化均方根电流 I_{rms_n} 随归

一化传输功率 P_{on} 变化的曲线；图 2.8（b）为电压转换比 $k=3.5$ 时，归一化均方根电流 I_{rms_n} 随归一化传输功率 P_{on} 变化的曲线；图 2.8（c）为归一化传输功率 $P_{on}=0.4$ 时，归一化均方根电流 I_{rms_n} 随电压转换比 k 变化的曲线；图 2.8（d）为归一化传输功率 $P_{on}=0.8$ 时，归一化均方根电流 I_{rms_n} 随电压转换比 k 变化的曲线。根据图 2.8 可以看出，归一化均方根电流 I_{rms_n} 曲线与图 2.7 具有相似的变化趋势，这说明本节所提出的 RAPS 方法也可以有效减小 DAB DC-DC 变换器中的均方根电流。

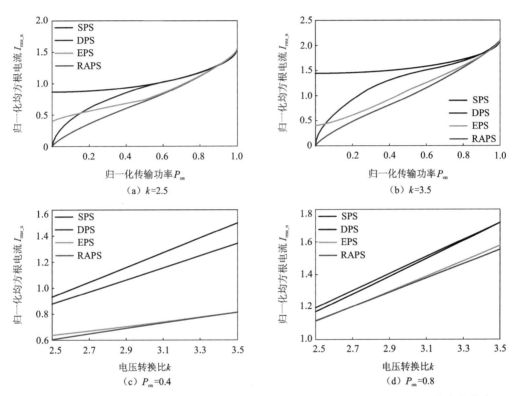

图 2.8　不同归一化传输功率 P_{on} 和电压转换比 k 情况下归一化均方根电流 I_{rms_n} 的变化曲线

基于上述分析，本节所提出的 RAPS 方法可以在整个运行范围内实现 DAB DC-DC 变换器的最小电流应力调制。与此同时，也有效降低了电感上的均方根电流。因此，本节所提出的 RAPS 方法可以有效地降低 DAB DC-DC 变换器的功率损耗，进而提升其传输效率。

2.2.6　实验验证

为了进一步验证本节所提出的 RAPS 方法的可行性和有效性，本小节搭建一套 DAB DC-DC 变换器的实验样机，并进行相应的实验验证。图 2.9 所示为本小节搭建的 DAB DC-DC 变换器实验平台和对应的样机照片。后面章节的相关实验验证也是基于该实验平台。

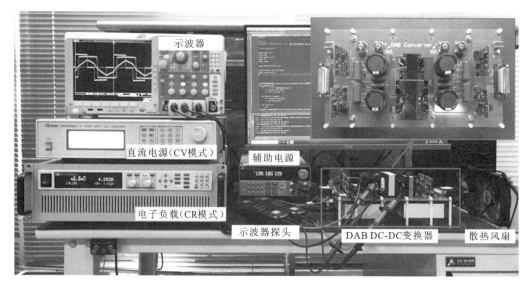

图 2.9 DAB DC-DC 变换器实验平台和对应的样机照片

实验平台主要设计指标如表 2.5 所示。其中，输入电压 V_1 在 100～140 V 变化，以模拟需要输入电压有较宽变化范围的应用场合，输出电压 V_2 的范围为 40～50 V，额定传输功率设置为 200 W。因此，在本小节的实验验证中，初级侧开关管的型号选为 IPB17N25S3-100（250 VDC，17 A），次级侧开关管的型号选为 IRL530NPBF（100 VDC，17 A）。

如图 2.1 所示，DAB DC-DC 变换器的功率电路主要分为由高频电感和变压器组成的交流隔离环节及由开关管组成的两个全桥结构。其中，高频电感和变压器的设计对功率电路尤为重要。本实验平台中间的交流环节采用高频变压器和串联高频电感的形式来实现能量的传输，主要考查高电压转换比（k 的范围为 2.5～3.5）情况下的性能。

在高频变压器的制作过程中，尽量保持其漏感很小，而励磁电感较大。变压器的漏感和附加的串联电感一起组成等效串联电感 L_k。由于等效串联电感 L_k 应具备能够传递最大传输功率 P_{omax} 的能力，根据式（2.2），等效串联电感 L_k 应满足如下不等式：

$$L_k \leqslant \frac{nV_1V_2}{8f_sP_{omax}} \tag{2.22}$$

为了保留 20%的最大传输功率裕量，最大传输功率 P_{omax} 应满足如下公式：

$$P_{omax} = 1.2P_{base} = 240 \text{ W} \tag{2.23}$$

因此，根据表 2.5 中所列出的关键设计参数，由式（2.22）和式（2.23）计算等效串联电感 L_k 应满足如下不等式：

$$L_k \leqslant 41.67 \text{ μH} \tag{2.24}$$

由于 DAB DC-DC 变换器的启动电流随着等效串联电感 L_k 的减小而增大，所以当满足式（2.24）时，等效串联电感 L_k 应尽量选取得足够大。因此，等效串联电感 L_k 的值被选为 41 μH。在具体的变压器和电感绕组中，变压器 T_r 的漏感为 1.5 μH，因此，电路中

外部串联电感 L_r 应该选为 39.5 μH。

在 DAB DC-DC 变换器的变压器设计中，选用锰锌铁氧体作为磁芯材料，并且采用 AP 法选择变压器的磁芯。所谓 AP 法是指先计算出磁芯的窗口面积 A_w 和磁芯的有效截面积 A_e 的乘积 A_p，A_p 即代表了磁芯的体积和可能转换的功率，进而根据容量选择铁芯。根据 AP 法的设计规则，并留有一定的安全裕量，选择型号为 PQ5050 的磁芯。串联电感同样采用 AP 法进行计算，串联电感的磁芯同样选择锰锌铁氧体磁芯。根据 AP 法设计规则，选择型号为 PQ3535 的磁芯绕制串联电感。

为了满足开关管所承受的最大峰值电压、最大平均电流和最大峰值电流，并留有一定的安全裕量，由表 2.5 所示，初级侧全桥的 4 个开关管（$S_1 \sim S_4$）选用 IPB17N25S3-100（250 VDC，17 A）型号的功率 MOSFET，次级侧全桥的 4 个开关管（$Q_1 \sim Q_4$）选用 IRL530NPBF（100 VDC，17 A）型号的功率 MOSFET。

为了验证本节所提的效率自优化策略的有效性和正确性，运用图 2.9 所示的 DAB DC-DC 变换器实验平台进行相应的实验验证。接下来，将给出相应的实验结果并对实验结果进行分析。

图 2.10 至图 2.12 为本节所提出的 RAPS 方法在正向功率流时的动态实验波形及变化前后的稳态实验波形，其中：浅色的实线圆圈表示初级侧第一个桥臂（S_1、S_2）的软开关情况，浅色的虚线圆圈表示初级侧第二个桥臂（S_3、S_4）的软开关情况，深色的实线圆圈表示次级侧第一个桥臂（Q_1、Q_2）的软开关情况，深色的虚线圆圈表示次级侧第二个桥臂（Q_3、Q_4）的软开关情况（扫封底二维码看彩图）。

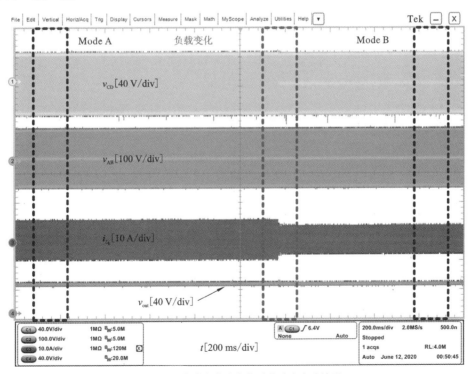

（a）当传输功率发生变化时的动态实验波形

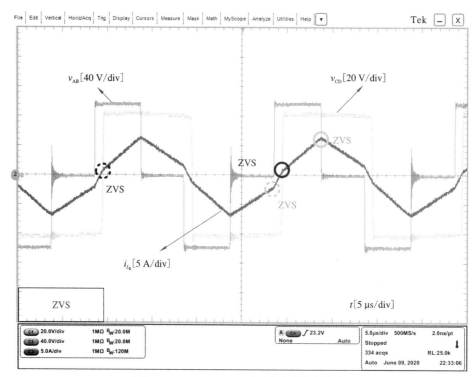

（b）Mode A（P_o=150 W）所对应的稳态实验波形

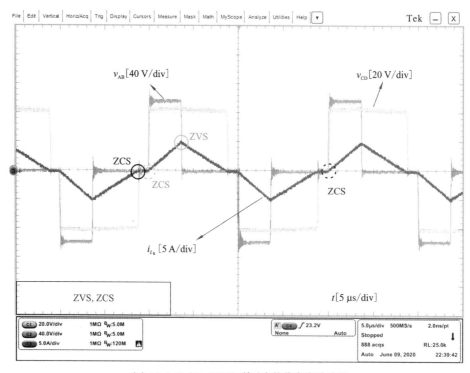

（c）Mode B（P_o=80 W）所对应的稳态实验波形

图 2.10　当输入电压 V_1=100 V、输出电压 V_2=40 V 时正向功率传输下的动态实验波形

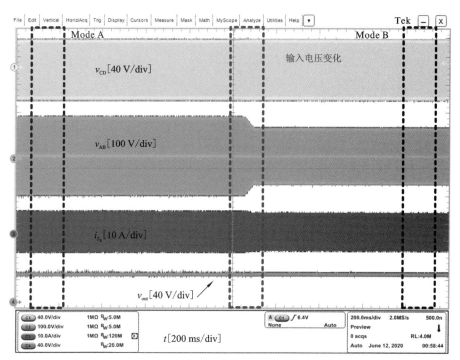

（a）当输入电压发生变化时的动态实验波形

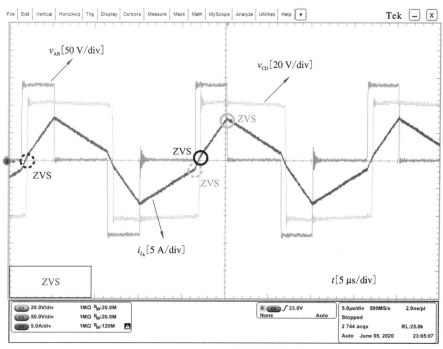

（b）Mode A（V_1=140 V）所对应的稳态实验波形

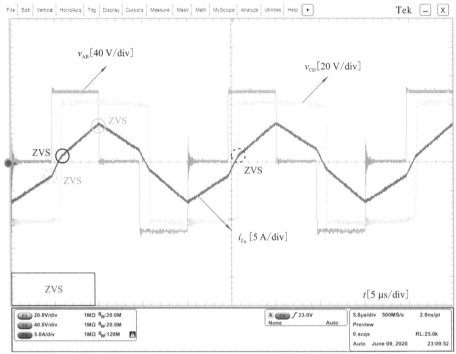

（c）Mode B（V_1=100 V）所对应的稳态实验波形

图 2.11　当输出电压 V_2=40 V、传输功率 P_o=150 W 时正向功率传输下的动态实验波形

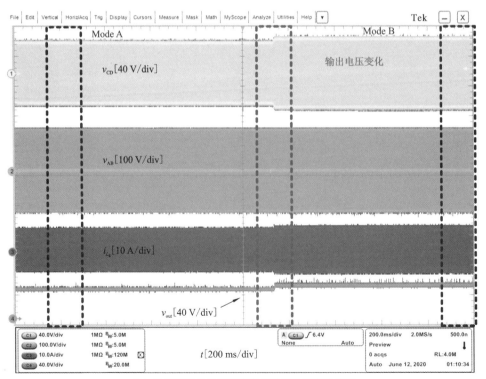

（a）当期望输出电压发生变化时的动态实验波形

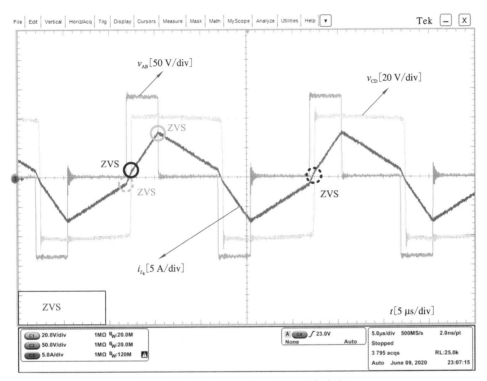

（b）Mode A（V_2=40 V）所对应的稳态实验波形

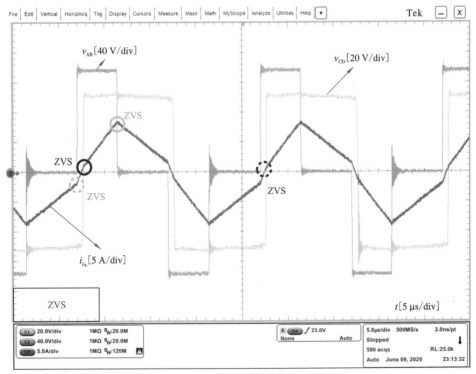

（c）Mode B（V_2=50 V）所对应的稳态实验波形

图 2.12　当输入电压 V_1=140 V、负载 load=10.7 Ω 时正向功率传输下的动态实验波形

图 2.10 所示为当输入电压 $V_1 = 100$ V、输出电压 $V_2 = 40$ V 时正向功率传输下的动态实验波形。从图 2.10（a）可以看出，传输功率 P_0 从 150 W 变为 80 W 后，电感电流 i_{L_k} 迅速恢复并保持稳定。图 2.10（b）为传输功率变化前的放大实验波形，可以看出所有的开关管（$S_1 \sim S_4$，$Q_1 \sim Q_4$）在重载条件下都实现了 ZVS 开通。图 2.10（c）为传输功率变化后的放大实验波形，可以看出开关管 S_3、S_4 和 $Q_1 \sim Q_4$ 均实现 ZCS 关断；开关管 S_1 和 S_2 实现了 ZVS 开通。

图 2.11 所示为当输出电压 $V_2 = 40$ V、传输功率 $P_0 = 150$ W 时正向功率传输下的动态实验波形。从图 2.11（a）可以看出，当输入电压 V_1 从 140 V 切换到 100 V 时，电感电流 i_{L_k} 能够快速恢复并保持稳定。图 2.12 所示为当输入电压 $V_1 = 140$ V、负载 load = 10.7 Ω 时正向功率传输下的动态实验波形。从图 2.12（a）可以看出，当期望输出电压从 40 V 增加到 50 V 后，输出电压 V_{out} 很快恢复到 50 V 并保持稳定。从图 2.11（b）、图 2.11（c）、图 2.12（b）和图 2.12（c）可以看出放大后的实验波形，说明所有的开关管均实现了 ZVS 开通。

图 2.13 所示为功率反向流动时的稳态实验波形，其中图 2.13（a）表示输入电压 $V_1 = 100$ V、输出电压 $V_2 = 40$ V、传输功率 $P_0 = 150$ W 时的波形；图 2.13（b）表示输入电压 $V_1 = 140$ V、输出电压 $V_2 = 40$ V、传输功率 $P_0 = 150$ W 时的波形；图 2.13（c）表示输入电压 $V_1 = 140$ V、输出电压 $V_2 = 50$ V、传输功率 $P_0 = 150$ W 时的波形。由图 2.13 可知，功率反向流动时的软开关性能与图 2.10 至图 2.12 所示的功率正向流动时的稳态波形类似。通过图 2.10 至图 2.13 可知，在各种运行工况情况下 DAB DC-DC 变换器均实现了软开关。

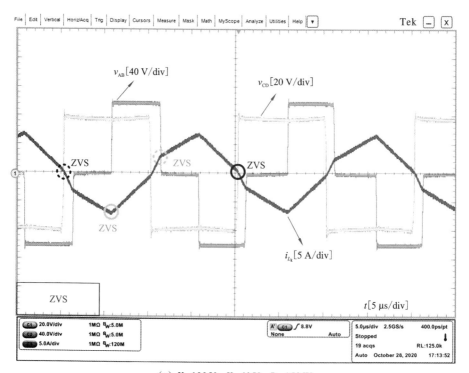

（a）$V_1 = 100$ V，$V_2 = 40$ V，$P_0 = 150$ W

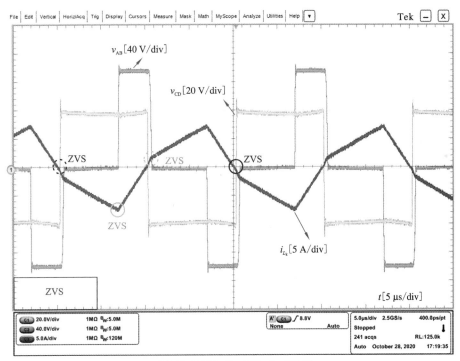

（b）$V_1=140$ V，$V_2=40$ V，$P_o=150$ W

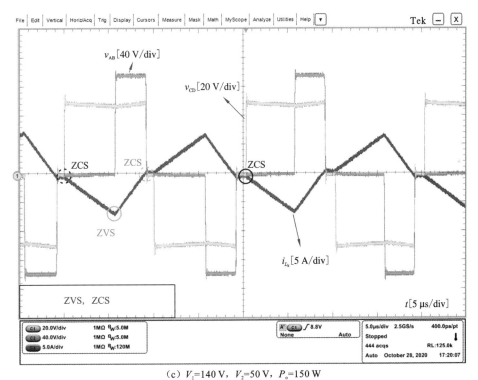

（c）$V_1=140$ V，$V_2=50$ V，$P_o=150$ W

图 2.13　当功率反向流动时的稳态实验波形

　　为了进一步证明本节所提出的 RAPS 方法在传输效率和稳态性能方面提升的能力,接下来与现有的调制策略进行对比,如 SPS 调制[5]、DPS 调制[6]、EPS 调制[7]、基于粒子群优化的 TPS(PSO TPS,PTPS)调制[7]和基于强化学习优化的 TPS(RL optimized TPS,RTPS)调制。与 RTPS 方法相比较,本节所提出的 RAPS 方法增加了 ANN 算法来拟合 RL 算法的训练结果,以减少实际控制中的计算时间和内存分配。

　　图 2.14 所示为实验测量得到的不同方法之间的峰值电流曲线图,其中图 2.14(a)为输入电压 V_1=100 V、输出电压 V_2=40 V 时,峰值电流随传输功率 P_o 的变化曲线;图 2.14(b)为输入电压 V_1=140 V、输出电压 V_2=40 V 时,峰值电流随传输功率 P_o 的变化曲线;图 2.14(c)为输出电压 V_2=40 V、传输功率 P_o=80 W 时,峰值电流随输入电压 V_1 的变化曲线;图 2.14(d)为输出电压 V_2=40 V、传输功率 P_o=150 W 时,峰值电流随输入电压 V_1 的变化曲线。由图 2.14(a)和图 2.14(b)可知,峰值电流 I_p 随着传输功率 P_o 的增加而增大;由图 2.14(c)和图 2.14(d)可知,峰值电流 I_p 随着输入电压

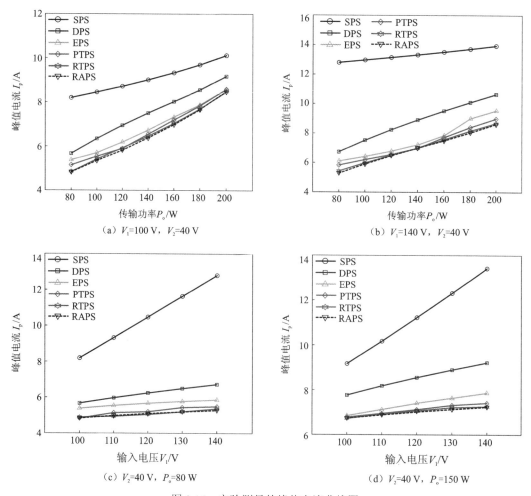

图 2.14　实验测量的峰值电流曲线图

V_1 的升高而增大。这些实验结果验证了上述关于峰值电流随传输功率 P_o 和输入电压 V_1 变化的理论分析。图 2.14 所示的实验对比结果表明，在整个运行范围内，PTPS、RTPS 和本节所提出的 RAPS 方法的峰值电流曲线比较接近，且相比于其他 3 种调制策略可以降低电流应力。与此同时，本节提出的 RAPS 方法与 RTPS 方法的峰值电流曲线在大多数情况下低于 PTPS 方法。这主要是本节提出的 RAPS 方法和 RTPS 方法在 Q learning 算法的离线训练过程中考虑了所有有效的运行模式和 ZVS 性能，这为 DAB DC-DC 变换器求解全局最优调制策略提供了有利的条件。

图 2.15 所示为实验测量得到的不同方法之间的传输效率对比曲线，其中图 2.15（a）为输入电压 $V_1 = 100\ \text{V}$、输出电压 $V_2 = 40\ \text{V}$ 时，传输效率 η 随传输功率 P_o 的变化曲线；图 2.15（b）为输入电压 $V_1 = 140\ \text{V}$、输出电压 $V_2 = 40\ \text{V}$ 时，传输效率 η 随传输功率 P_o 的变化曲线。由图 2.15（a）和图 2.15（b）可知，在整个运行范围中，PTPS、RTPS 和本

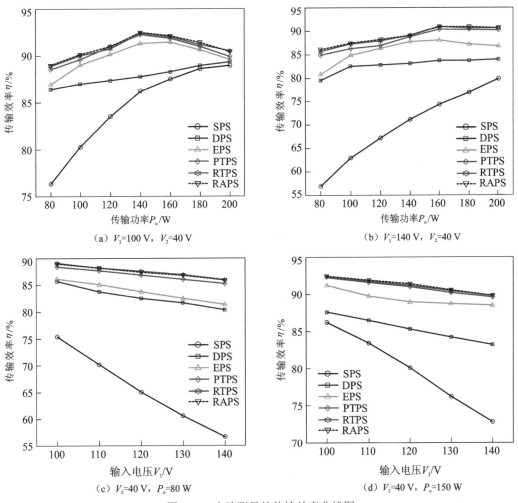

（a）$V_1 = 100\ \text{V}$，$V_2 = 40\ \text{V}$　　　　（b）$V_1 = 140\ \text{V}$，$V_2 = 40\ \text{V}$

（c）$V_2 = 40\ \text{V}$，$P_o = 80\ \text{W}$　　　　（d）$V_2 = 40\ \text{V}$，$P_o = 150\ \text{W}$

图 2.15　实验测量的传输效率曲线图

节提出的 RAPS 方法的效率曲线比较接近，且传输效率高于其他 3 种调制策略。此外，本节提出的 RAPS 方法和 RTPS 的传输效率在大多数情况下高于 PTPS。在轻载条件下，本节提出的 RAPS 方法与 SPS 调制策略相比，当输入电压 $V_1 = 100$ V 时传输效率提升了 12.8 个百分点，当输入电压 $V_1 = 140$ V 时传输效率提升了 29.4 个百分点。在重载下，本节提出的 RAPS 方法与 SPS 调制策略相比，当输入电压 $V_1 = 100$ V 时传输效率提升了 0.8 个百分点，当输入电压 $V_1 = 140$ V 时传输效率提升了 10.7 个百分点。因此，图 2.15（a）和图 2.15（b）的对比结果分别与图 2.14（a）和图 2.14（b）所示的电流峰值曲线相对应。

图 2.15（c）所示为输出电压 $V_2 = 40$ V、传输功率 $P_o = 80$ W 时，传输效率 η 随输入电压 V_1 的变化曲线；图 2.15（d）所示为输出电压 $V_2 = 40$ V、传输功率 $P_o = 150$ W 时，传输效率 η 随输入电压 V_1 的变化曲线。从图 2.15（c）和图 2.15（d）可知，在传输功率 P_o 不变时，传输效率 η 随着输入电压 V_1 的增加而降低。与此同时，PTPS、RTPS 和本节提出的 RAPS 方法的传输效率曲线比较接近，且效率高于其他 3 种调制策略。此外，本节提出的 RAPS 方法和 RTPS 的传输效率在大多数情况下高于 PTPS。因此，在整个电压转换比 k 的范围内，本节提出的 RAPS 方法能有效提升 DAB DC-DC 变换器的传输效率。

根据表 2.5 所示关键电路参数，输入电压 V_1 在 100～140 V 变化，以模拟需要输入电压有较宽变化范围的应用场合，输出电压 V_2 的范围为 40～50 V，传输功率范围为 0～200 W。对于元启发式算法而言（例如：遗传算法和 PSO 算法），假设 V_1、V_2 和 P_o 的间隔分别设置为 0.5 V、0.5 V 和 0.5 W，运用元启发式算法至少需要 640000 次单独的优化过程，非常复杂且耗时。与元启发式算法相比，RTPS 方法不需要如此复杂的优化过程。然而，与上述元启发式算法类似，在 Q learning 算法训练后，RTPS 方法需要建立一个包含 640000 个训练结果的大型 look-up table（查找表）。这个 look-up table 的内存大于 30 MB（30 720 KB）。look-up table 中存储的是离散数据，在实际应用中无法在连续的运行范围内为 DAB DC-DC 变换器提供实时的优化调制策略，这会导致一定的功率误差，同时也会导致 DAB DC-DC 变换器的稳态性能下降。

表 2.7 所示定量比较了 look-up table 中使用不同数据点之间的内存。从表 2.7 可以看出，数据点的减少会降低 look-up table 的内存大小，但相应间隔的变大也会影响其控制精度和稳态性能。因此，在实际应用中，为了保证控制精度，look-up table 中应存储足够的数据。本小节使用的是 DSP TMS320F28335，其最大内存为 512 KB。但是，如果单片机的内存较小（如 ARM STM32f722RET7，最大内存为 256 KB；ARM STM32F103ZET6，最大内存为 64 KB），则需要进一步压缩 look-up table 才能实现闭环控制。如果 DAB DC-DC 变换器的运行范围很宽时，生成的查表数据点就会非常大。因此，这种 look-up table 方法存在很大的局限性，并不适用于 DAB DC-DC 变换器的连续控制。

表 2.7　**look-up table** 中使用不同数据点之间的内存比较

数据点	内存/KB	V_1, V_2, P_o 间隔/ (V, V, W)	DSP TMS320F28335 （512 KB）	ARM STM32f722RET7 （256 KB）	ARM STM32F103ZET6 （64 KB）
640000	3750	0.5, 0.5, 0.5	×	×	×
80000	468.75	1, 1, 1	√	×	×
40000	234.38	1, 1, 2	√	√	×
20000	117.19	2, 1, 2	√	√	×
10000	58.60	2, 2, 2	√	√	√

　　本节提出的 RAPS 方法包含优化阶段和拟合阶段两个过程，如图 2.5 所示。在第二阶段运用 ANN 算法来拟合上一步的 RL 算法的训练结果。经过训练后 ANN 智能体的内存通常小于 100 KB。与强化学习和元启发式算法训练完以后的 look-up table 相比（通常为几百 KB），本节提出的 RAPS 方法可以有效地减小控制器的内存。经过 RL＋ANN 训练以后的智能体类似于一个快速代理预测器，可以在连续变化的环境(V_1, V_2, P_o)中输出相应的控制量(D_1, D_2, D_3)。因此，相比于 RTPS 方法和 PTPS 方法，本节提出的 RAPS 方法更加适用于 DAB DC-DC 变换器的在线实时控制。

参 考 文 献

[1] Tang Y H, Hu W H, Xiao J, et al. RL-ANN-based minimum-current-stress scheme for the dual-active-bridge converter with triple-phase-shift control[J]. IEEE Journal of Emerging and Selected Topics in Power Electronics, 2022, 10(1): 673-689.

[2] Hou N, Li Y W. Overview and comparison of modulation and control strategies for a nonresonant single-phase dual-active-bridge DC-DC converter[J]. IEEE Transactions on Power Electronics, 2020, 35(3): 3148-3172.

[3] Krismer F, Kolar J W. Closed form solution for minimum conduction loss modulation of DAB converters[J]. IEEE Transactions on Power Electronics, 2012, 27(1): 174-188.

[4] Fayed H A, Atiya A F. Speed up grid-search for parameter selection of support vector machines[J]. Applied Soft Computing, 2019, 80: 202-210.

[5] De Doncker R W A A, Divan D M, Kheraluwala M H. A three-phase soft-switched high-power-density DC/DC converter for high-power applications[J]. IEEE Transactions on Industry Applications, 1991, 27(1): 63-73.

[6] Zhao B, Song Q, Liu W H, et al. Current-stress-optimized switching strategy of isolated bidirectional DC-DC converter with dual-phase-shift control[J]. IEEE Transactions on Industrial Electronics, 2013, 60(10): 4458-4467.

[7] Liu B C, Davari P, Blaabjerg F. An optimized hybrid modulation scheme for reducing conduction losses in dual active bridge converters[J]. IEEE Journal of Emerging and Selected Topics in Power Electronics, 2021, 9(1): 921-936.

第 3 章 基于深度强化学习的双有源全桥变换器调制优化技术

第 2 章介绍了双有源全桥变换器的线性分段时域模型及基于该模型和强化学习方法设计的效率优化调制技术。本章将介绍一种更新颖、更精确的统一谐波模型，并尝试用深度强化学习（deep reinforcement learning，DRL）算法，来设计性能更为优异的调制优化技术[1]。

3.1 双有源全桥变换器建模

图 3.1 所示为基于 DAB DC-DC 变换器统一谐波分析模型的 TPS 调制关键波形。SPS 调制、EPS 调制和 DPS 调制都可以用此统一形式进行分析[2-4]，因此图 3.1 包含了 DAB DC-DC 变换器移相调制的所有可能性。

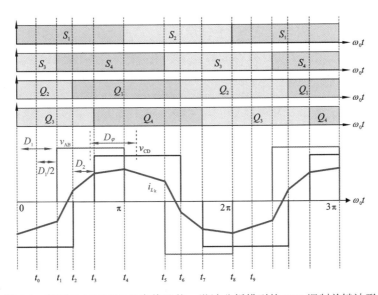

图 3.1 基于 DAB DC-DC 变换器统一谐波分析模型的 TPS 调制关键波形

如图 3.1 所示，D_1 表示开关管 S_1 与开关管 S_4 之间的移相角，D_2 为开关管 Q_1 与开关

管 Q_4 之间的移相角，D_φ 为初级侧与次级侧交流电压中心点之间的移相角，其他相关变量的定义与 2.1 节类似。

统一谐波分析法是在 DAB DC-DC 变换器的统一建模方法基础上，运用傅里叶分解方法，将电路中的电流、电压、功率等整理为统一谐波的形式进行分析。因此，初级侧交流电压 v_{AB} 与次级侧交流电压 v_{CD} 可以用如下公式进行计算。

$$\begin{cases} v_{AB}(t) = \sum_{n=1,3,5,\cdots} \frac{4V_1}{n\pi} \cos\left(n\frac{D_1}{2}\right) \sin(n\omega_0 t) \\ v_{CD}(t) = \sum_{n=1,3,5,\cdots} \frac{4V_2}{n\pi} \cos\left(n\frac{D_2}{2}\right) \sin(n\omega_0 t - D_\varphi) \end{cases} \tag{3.1}$$

式中，n 表示谐波次数；$\omega_0 = 2\pi f_s$，且 f_s 表示 DAB DC-DC 变换器的开关频率。

对于流过等效串联电感的电流 i_{L_k}，其计算公式如下：

$$i_{L_k}(t) = \int_{t_0}^{t} \frac{v_{AB}(t) - v_{CD}(t)}{L_k} dt + i_{L_k}(t_0) \tag{3.2}$$

根据电感的伏秒平衡原理，等效串联电感两端的电压在一个开关周期中积分为零。因此，进一步计算可得流过等效串联电感的电流 i_{L_k} 如下：

$$i_{L_k}(t) = \sum_{n=1,3,5,\cdots} \frac{4}{n^2 \pi \omega_0 L_k} \sqrt{A^2 + B^2} \sin\left(n\omega_0 t + \arctan\frac{A}{B}\right) \tag{3.3}$$

式中，A 与 B 可以通过如下公式计算：

$$\begin{cases} A = V_2 \cos\left(n\frac{D_2}{2}\right) \cos(nD_\varphi) - V_1 \cos\left(n\frac{D_1}{2}\right) \\ B = V_2 \cos\left(n\frac{D_2}{2}\right) \sin(nD_\varphi) \end{cases} \tag{3.4}$$

根据上述公式，可进一步计算得到等效串联电感的均方根电流值 I_{rms}，具体可通过如下公式进行计算：

$$I_{rms} = \sqrt{\sum_{n=1,3,5,\cdots} \left(\frac{2\sqrt{2}}{n^2 \pi \omega_0 L_k} \sqrt{A^2 + B^2}\right)^2} \tag{3.5}$$

对 DAB DC-DC 变换器而言，其一个周期内传输的平均功率即为其有功功率，相应的表达式可以通过如下公式进行计算：

$$P_o = \frac{1}{T_s} \int_0^{T_s} v_{AB}(t) i_{L_k}(t) dt \tag{3.6}$$

根据三角形的正交性，不同频率谐波电压电流之间产生的有功功率为 0。基于此，DAB DC-DC 变换器传输的有功功率可以进一步计算为如下表达式：

$$P_o = \sum_{n=1,3,5,\cdots} \frac{8V_1 V_2}{n^3 \pi^2 \omega_0 L_k} \cos\left(n\frac{D_1}{2}\right) \cos\left(n\frac{D_2}{2}\right) \sin(nD_\varphi) \tag{3.7}$$

根据式（2.2）所示的最大传输功率 P_{omax} 可推导出归一化有功功率 P_{on}，其计算公式如下：

$$P_{\text{on}} = \sum_{n=1,3,5,\cdots} \frac{32}{n^3\pi^3} \cos\left(n\frac{D_1}{2}\right)\cos\left(n\frac{D_2}{2}\right)\sin(nD_{\varphi}) \tag{3.8}$$

DAB DC-DC 变换器中的无功功率主要包括基波、同频率和不同频率电压和电流之间产生的无功功率。因此，无功功率 Q 的表达式可总结如下：

$$\begin{cases} Q_{n=1,3,5,\cdots} = \displaystyle\sum_{n=1,3,5,\cdots} \frac{8V_1\sqrt{A^2+B^2}}{n^3\pi^2\omega_0 L_{\text{k}}} \cos\left(n\frac{D_1}{2}\right)\sin\left(-\arctan\frac{A}{B}\right) \\[4mm] Q_{m\neq n=1,3,5,\cdots} = \displaystyle\sum_{m\neq n=1,3,5,\cdots} \frac{8V_1\cos\left(m\dfrac{D_1}{2}\right)}{mn^2\pi^2\omega_0 L_{\text{k}}}\sqrt{A^2+B^2} \end{cases} \tag{3.9}$$

式中，m、n 均为谐波次数，且 $m \neq n$。

运用最大传输功率 P_{omax} 可推导归一化无功功率 M，其计算公式如下：

$$\begin{cases} M_{n=1,3,5,\cdots} = \displaystyle\sum_{n=1,3,5,\cdots} \frac{32}{n^3\pi^3} \cos\left(n\frac{D_1}{2}\right)\left[k\cos\left(n\frac{D_1}{2}\right)-\cos\left(n\frac{D_2}{2}\right)\cos(nD_{\varphi})\right] \\[4mm] M_{m\neq n=1,3,5,\cdots} = \displaystyle\sum_{m\neq n=1,3,5,\cdots} \frac{32\sqrt{A^2+B^2}}{mn^2\pi^3 V_2}\cos\left(m\frac{D_1}{2}\right) \end{cases} \tag{3.10}$$

根据式（2.5）所示的 ZVS 约束条件，结合图 2.4 所示的关键波形，可得出在统一谐波分析模型中 DAB DC-DC 变换器的 ZVS 约束条件如下：

$$\begin{cases} 初级侧第一个桥臂(S_1,S_2)\colon\ i_{L_{\text{k}}}\left(\omega_0 t = \pi - \frac{D_1}{2}\right) \geqslant 0 \\[3mm] 初级侧第二个桥臂(S_3,S_4)\colon\ i_{L_{\text{k}}}\left(\omega_0 t = \frac{D_1}{2}\right) \leqslant 0 \\[3mm] 次级侧第一个桥臂(Q_1,Q_2)\colon\ i_{L_{\text{k}}}\left(\omega_0 t = D_{\varphi} - \frac{D_2}{2}\right) \geqslant 0 \\[3mm] 次级侧第二个桥臂(Q_3,Q_4)\colon\ i_{L_{\text{k}}}\left(\omega_0 t = D_{\varphi} + \frac{D_2}{2}\right) \geqslant 0 \end{cases} \tag{3.11}$$

3.2 基于 DDPG 算法的 DAB 调制优化技术

在第 2 章中已经讨论了基于线性分段时域模型和 RL＋ANN 方法的效率优化调制策略。RL＋ANN 方法的应用有效解决了强化学习方法训练结果不便于进行连续控制的问题，然而该效率优化调制策略仍然存在以下问题：①DAB DC-DC 变换器的线性分段时域模型不能由统一的表达式来表示，因此在求解优化调制策略时，需要大量复杂的计算；②RL-ANN 方法包含两次训练过程，增加了计算复杂度并且花费了更长的训练时间。在 2.1 节中已经分析了 DAB DC-DC 变换器的统一谐波分析模型。为了解决上述问题，本节将讨论基于统一谐波分析模型的 DAB DC-DC 变换器的效率优化调制策略。

对 DAB DC-DC 变换器而言，当传输的有功功率恒定时，无功功率会导致电流有效值和视在功率的增加，进而导致设备和线路容量增大，相关的功率损耗也随之增大。这也使 DAB DC-DC 变换器中会存在较大的环流，进而导致传输效率较低。因此，无功功率是 DAB DC-DC 变换器的重要性能指标，降低其无功功率对提高 DAB DC-DC 变换器的传输效率具有重要意义。

基于此，本节提出基于深度确定性策略梯度（deep deterministic policy gradient，DDPG）算法和 TPS 的最小无功功率优化调制策略。具体来说，运用 DDPG 算法进行离线训练，以求解 ZVS 约束下最小无功功率所对应的 TPS 调制策略。具体的优化设计和考虑将在下面的各小节中给出。

3.2.1　DDPG 算法结构

本小节采用 DDPG 算法来提升 DAB DC-DC 变换器在 ZVS 约束下的最优 TPS 调制策略，即求解无功功率最低时所对应的移相角(D_1, D_2, D_φ)，以实现该变换器的效率提升。在 DDPG 算法的优化过程中，主要目标是根据当前状态(V_1, V_2, P_o)找到合适的动作，使 DAB DC-DC 变换器能够获得最小的无功功率。实际上，DAB DC-DC 变换器的无功功率优化问题可以视为一种马尔可夫决策过程[5]。通常，马尔可夫决策过程包含 4 个组成部分(S, A, P, R)，其中 S 为状态空间，A 为动作空间，P 为状态转移概率函数，R 为奖励函数。智能体在当前状态 $s_t \in S$ 下根据策略 $\pi(a_t|s_t)$ 选择动作 $a_t \in A$ 作用于环境，然后接收到环境反馈回来的奖励 $r_t \in R(s_t, a_t)$，并以转移概率 p 转移到下一个状态 s_{t+1}。将累计的奖励定义为 G_t，并由如下公式进行计算：

$$G_t = \sum_{k=0}^{\infty} \gamma^k \cdot R_{k+t} \tag{3.12}$$

式中，γ 为折扣因子，其范围为 0～1。

对于 DAB DC-DC 变换器，环境特征由输入电压 V_1、输出电压 V_2 和传输功率 P_o 组成。与此同时，DAB DC-DC 变换器所传输功率的大小和相应的性能均取决于移相角 (D_1, D_2, D_φ)。因此将状态空间定义为 $S = [V_1, V_2, P_o]$，将动作空间定义为 $A = [D_1, D_2, D_\varphi]$。

DDPG 算法作为一种先进的深度强化学习（DRL）算法，非常适用于求解连续动作空间中复杂的多维优化问题，因此也非常适用于求解马尔可夫决策过程[6, 7]。本节运用 DDPG 算法来求解 DAB DC-DC 变换器的优化调制策略。在 DDPG 算法中，策略函数将状态(V_1, V_2, P_o)映射到期望的输出(D_1, D_2, D_φ)，critic 函数将状态和动作$(V_1, V_2, P_o, D_1, D_2, D_\varphi)$映射至期望的最大输出 R_t，即最大化动作价值函数 $Q^\pi(s_t, a_t)$。动作价值函数 $Q^\pi(s_t, a_t)$ 的计算公式如下：

$$Q^\pi(s_t, a_t) = \mathbb{E}_\pi \{ G(s_t, a_t) + \gamma \mathbb{E}_{a_{t+1} \sim \pi}[Q^\pi(s_{t+1}, a_{t+1})] \} \tag{3.13}$$

　　DDPG 算法中的智能体在经历过前期的探索后，其学习到的策略将逐渐提升，因此给 DAB DC-DC 变换器的效率优化设置一个合适的奖励函数十分重要。该奖励函数的目的是使得 DDPG 算法能够求得最小无功功率和最小功率误差所对应的动作。奖励函数 $R(D_1, D_2, D_\varphi)$ 定义如下：

$$R(D_1, D_2, D_\varphi) = -[\delta \cdot |Q_n| + \xi \cdot (P_{on} - P'_{on})^2] \tag{3.14}$$

式中，P'_{on} 为期望的归一化输出功率；P_{on} 为训练过程中计算得到的归一化输出功率；ξ 为与输出功率误差相关的惩罚因子。值得注意的是，对于 DDPG 算法的训练，ξ 的值选取过大会导致无功功率增大，而 ξ 值选取过小则会造成较大的输出功率误差。通过仿真试验，本节中将 ξ 值选取为 200。与此同时，Q_n 表示训练过程中计算得到的归一化无功功率；δ 表示与 ZVS 性能相关的惩罚因子。若当前的动作能够满足式（3.12）的 ZVS 约束，则 δ 的值为 1；否则，δ 的值将选为 10，以给出一个较小的奖励值，使得 DDPG 智能体避免学习到 ZVS 丢失的情况。综上所述，通过最大化奖励函数的值，完成整个学习过程后的 DDPG 智能体能够使得 DAB DC-DC 变换器在实现软开关的前提下获得最低的无功功率和最小的功率误差。

　　图 3.2 所示为应用于 DAB DC-DC 变换器的 DDPG 算法结构图。DDPG 算法基于 actor-critic（演员-评论家）框架，即包含两个主要部分（actor 网络和 critic 网络），其中每个部分中均包含两个网络（在线网络和目标网络）。actor 网络通过将当前的状态 (V_1, V_2, P_{on}) 拟合到相应的动作 (D_1, D_2, D_φ) 来调整策略函数 $\mu(s|\theta^\mu)$ 中参数 θ^μ 的值，critic 网络则用来调整动作值函数 $Q(s, a|\theta^Q)$ 中参数 θ^Q 的值。

　　critic 网络中的参数 θ^Q 通过最小化损失函数 $L(\theta^Q)$ 的值来更新，损失函数 $L(\theta^Q)$ 的表达式如下：

$$L(\theta^Q) = E_{(s,a)}[(Q(s_t, a_t | \theta^Q) - y_t)^2] \tag{3.15}$$

式中，$y_t = r_t(s_t, a_t) + \gamma Q[s_{t+1}, \mu(s_t|\theta^\mu)|\theta^Q]$。

　　actor 网络中参数 θ^μ 是通过下式所示的策略梯度函数来更新的：

$$\begin{aligned} \nabla_{\theta^\mu} J^{\theta^\mu} &\approx \mathbb{E}_{s_t \sim \rho^\beta}[\nabla_{\theta^\mu} Q(s, a | \theta^Q)|_{a=\mu(s|\theta^\mu)} \nabla_{\theta^\mu} \mu(s|\theta^\mu)] \\ &= \mathbb{E}_{s_t \sim \rho^\beta}[\nabla_a Q(s, a | \theta^Q)|_{a=\mu^\theta(s)} \nabla_{\theta^\mu} \mu(s|\theta^\mu)] \end{aligned} \tag{3.16}$$

式中，ρ 为智能体根据行为策略产生的状态分布；β 为当前策略 π 所对应的具体策略。

　　为了提高 DDPG 算法学习过程中的稳定性和可靠性，在 actor 网络和 critic 网络中分别添加两个不同的目标网络，分别为目标 actor 网络 $\mu'(s|\theta^{\mu'})$ 和目标 critic 网络 $Q'(s, a|\theta^{Q'})$，如图 3.2 所示。在每次迭代中，权重因子（$\theta^{\mu'}$ 和 $\theta^{Q'}$）将按照如下公式进行软更新：

$$\begin{cases} \theta^{Q'} \leftarrow \tau\theta^Q + (1-\tau)\theta^{Q'} \\ \theta^{\mu'} \leftarrow \tau\theta^\mu + (1-\tau)\theta^{\mu'} \end{cases} \tag{3.17}$$

式中，τ 为软更新因子，并且 $\tau \ll 1$。

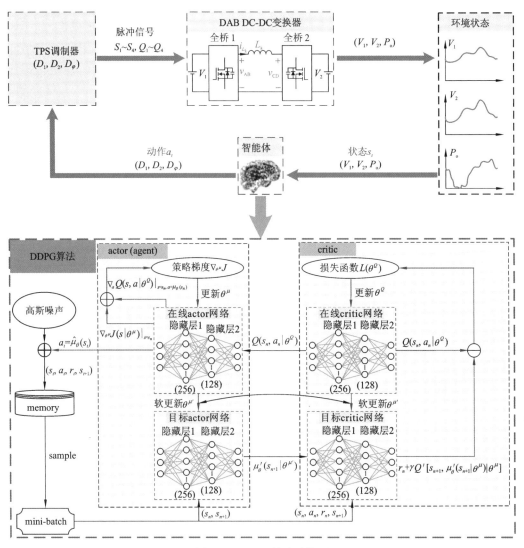

图 3.2 DDPG 算法结构图

3.2.2 DDPG 算法训练

在本小节中，DDPG 算法的作用是为 DAB DC-DC 变换器在不同运行条件下提供一种无功功率优化调制策略，因此 DDPG 训练时超参数的选择十分关键。表 3.1 所示为 DDPG 算法的关键训练参数。

表 3.1 DDPG 算法的关键训练参数

参数	数值
critic 网络的学习率 λ_c	0.002
actor 网络的学习率 λ_a	0.001

续表

参数	数值
软更新因子 τ	0.001
经验回收池容量 M	40000
最大训练回合数 N	12000
每个训练集的步长	10
训练批次 m	32

对 DDPG 算法而言，其包含的主要超参数有神经网络的层数、每个隐藏层所包含的神经元数量、学习率等。为了找到合适的超参数，采用 Grid Search 方法[8]。将神经网络的层数范围设置为 0 到 5，步长取 1；将隐藏层所包含的神经元数量范围设置为 10 到 150，步长取 10；学习率的范围设置为 0.1 到 10^{-8}，并且每次减小 90%。类似地，其他的超参数设置为常用的范围，并使用 Grid Search 方法进行选取。通过 Grid Search 方法，本节中 DDPG 算法的 actor 网络和 critic 网络均采用相同的结构，每个网络设置为 4 层，即 1 个输入层、2 个隐藏层、1 个输出层；其中隐藏层中分别包含 256 个和 128 个神经元，输入层由 (V_1, V_2, P_o) 组成，输出层由 (D_1, D_2, D_φ) 组成，如图 3.2 所示。本小节中所设置的其他超参数如表 3.1 所示。critic 网络中的隐藏层和输出层采用了 ReLU（rectified linear units，修正线性单元）激活函数，actor 网络中的输出层采用了 tanh 激活函数和 Softplus 激活函数。

DDPG 算法训练过程如下：

（1）输入：环境 $[V_1, V_2, P_o]$

（2）输出：移相角 (D_1, D_2, D_φ)

（3）随机初始化 actor 和 critic 网络参数

（4）运用 μ' 和 Q' 初始化 actor 和 critic 目标网络参数

（5）for $j = 1, 2, \cdots, N$ do

（6）　　复位整个环境，并返回一个初始状态 s_1

（7）for $t = 1, 2, \cdots, 10$ do

（8）　　由当前策略 π 和学习率选择一个动作

（9）　　执行 a_t 并返回 r_t 和新状态 s_{t+1}

（10）　　存储 (s_t, a_t, r_t, s_{t+1}) 到经验回收池 R

（11）　　从回放缓冲区 R 中提取 mini-batch 组 (s_t, a_t, r_t, s_{t+1}) 来进行训练

（12）　　$y_t = r(s_t, a_t) + rQ(s_{t+1}, \mu(s_{t+1}) | \theta^Q)$

（13）　　通过式（3.15）来更新 critic 网络

（14）　　通过式（3.16）来更新 actor 网络

（15）　　通过式（3.17）来更新目标 actor 和目标 critic 网络

（16）　　end for

（17）end for

综上所述，给出应用于 DAB DC-DC 变换器的 DDPG 算法流程。如表 3.1 所示，选择最大训练次数（N）为 12000，每个训练集的步长取为 10。在 Windows 10 操作系统上进行算法训练，其中处理器的型号为 Intel(R) Core(TM)i7-8700 CPU@3.20 GHz 3.19 GHz。根据表 3.1 中所给的超参数和算法流程，整个训练过程可以在大约 30 min 以内完成。

图 3.3 所示为 DDPG 算法训练过程中的每 100 回合平均累计奖励值变化趋势，其中实线表示平均累计奖励值，阴影部分表示标准差。从图 3.3 可以看出，整个训练过程可分为 3 个阶段，即探索阶段、学习阶段和收敛阶段。在探索阶段（约前 1000 回合），DDPG 智能体进行随机探索，以期找到合适的策略。在这个阶段，平均累计奖励值相对较低，这是因为在这个阶段 DDPG 智能体致力于通过随机探索动作空间来收集经验。在学习阶段（约 1000~8000 回合），DDPG 智能体开始进行学习，对应的奖励值得到快速提升。在收敛阶段（约 8000~12000 回合），智能体的训练逐渐趋于稳定，以期找到最优的策略。

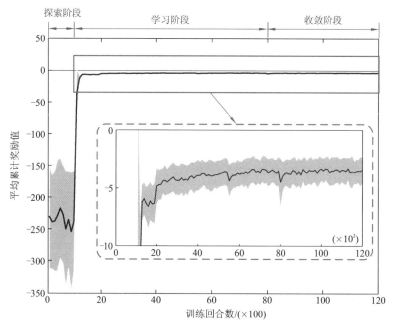

图 3.3   DDPG 算法训练过程中的每 100 回合平均累计奖励值变化曲线

整个训练过程结束后，训练好的 DDPG 智能体可以存储在一个微处理器中，如 DSP。当微处理器检测到 DAB DC-DC 变换器的运行环境(V_1, V_2, P_o)时，经过训练的 DDPG 智能体类似于一个快速代理预测器，它能将输入参数(V_1, V_2, P_o)映射到相应的移相角(D_1, D_2, D_φ)，该移相角为最小无功功率对应的优化调制策略。

3.2.3 实验验证

为了验证本节所提出的基于 DDPG 算法优化的三重移相调制（DDPG algorithm

optimized TPS modulation，DTPS）方法的可行性和有效性，本小节将进行相应的实验验证和实验分析。所搭建的 DAB DC-DC 变换器实验平台和对应的样机照片如图 2.9 所示，实验平台主要设计指标如表 2.5 所示。下面给出详细的实验结果分析和比较。

　　图 3.4 和图 3.5 为本章所提出的 DTPS 方法在正向功率流（功率正向流动）时在不同传输功率情况下的稳态实验波形。其中：浅色的实线圆圈表示初级侧第一个桥臂（S_1、S_2）的软开关情况，浅色的虚线圆圈表示初级侧第二个桥臂（S_3、S_4）的软开关情况，深色的实线圆圈表示次级侧第一个桥臂（Q_1、Q_2）的软开关情况，深色的虚线圆圈表示次级侧第二个桥臂（Q_3、Q_4）的软开关情况。

　　图 3.4 所示为输入电压 V_1＝100 V、输出电压 V_2＝40 V 时正向功率传输下的稳态实验波形，图 3.5 所示为输入电压 V_1＝140 V、输出电压 V_2＝40 V 时正向功率传输下的稳态实验波形。从图 3.4（a）、图 3.4（b）、图 3.5（a）和图 3.5（b）可以看出，在中功率和高功率情况下，DAB DC-DC 变换器的所有开关管均实现了 ZVS 开通。从图 3.4（c）和图 3.5（c）可以看出，在低功率情况下，初级侧第一个桥臂的开关管（S_1、S_2）可以实现 ZVS 开通，而其余 3 个桥臂的开关管（S_3、S_4 和 $Q_1 \sim Q_4$）均实现了 ZCS 关断。

　　图 3.6 所示为本章所提出的 DTPS 方法在反向功率流（功率反向流动）时不同传输功率情况下的稳态实验波形。可以看出，所有的开关管在不同功率情况下都能实现软开关。从图 3.4 到图 3.6 的稳态实验波形可以看出，反向功率和正向功率情况下的软开关性能相似。这是因为 DDPG 算法中加入了 ZVS 约束，可以使 DAB DC-DC 变换器在不同运行条件下均实现软开关性能。

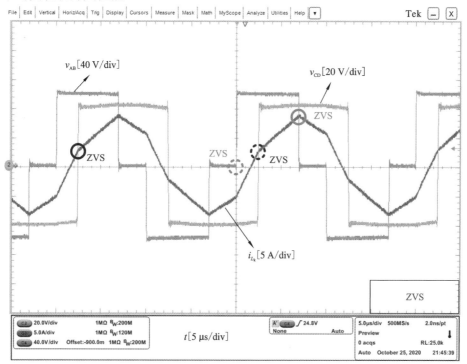

（a）传输功率 P_o＝200 W

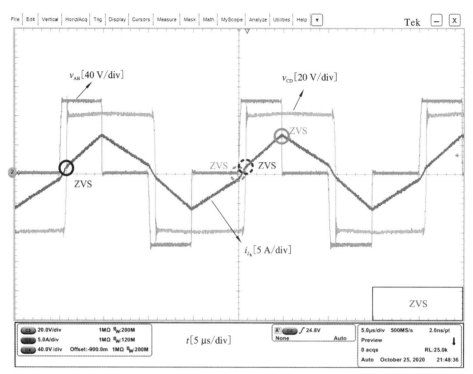

（b）传输功率P_o=140 W

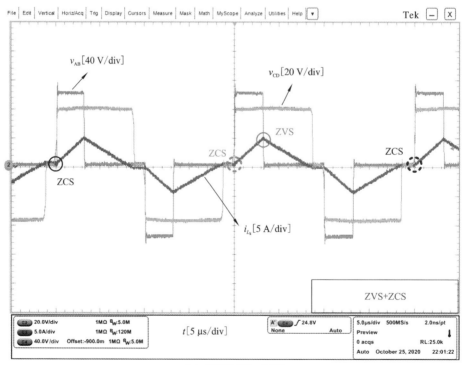

（c）传输功率P_o=80 W

图 3.4 当输入电压 V_1=100 V、输出电压 V_2=40 V 时正向功率传输下的稳态实验波形

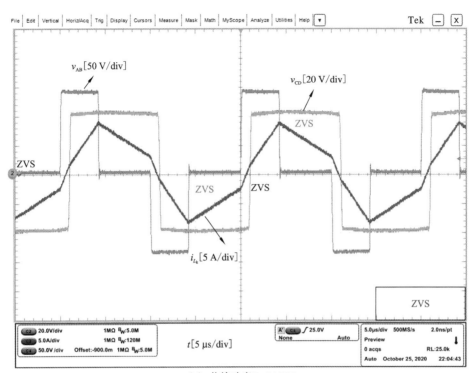

（a）传输功率P_o=200 W

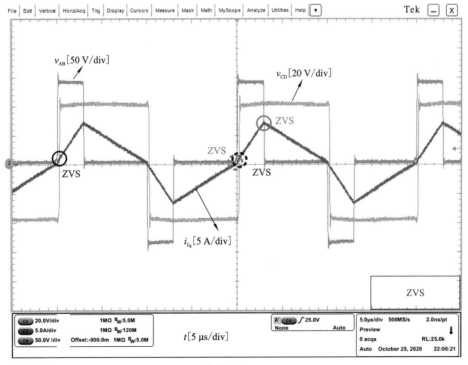

（b）传输功率P_o=140 W

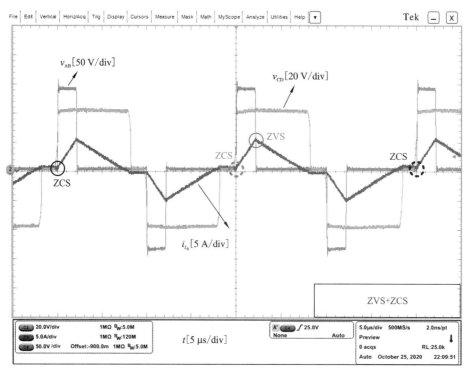

（c）传输功率P_o=80 W

图3.5   当输入电压V_1=140 V、输出电压V_2=40 V 时正向功率传输下的稳态实验波形

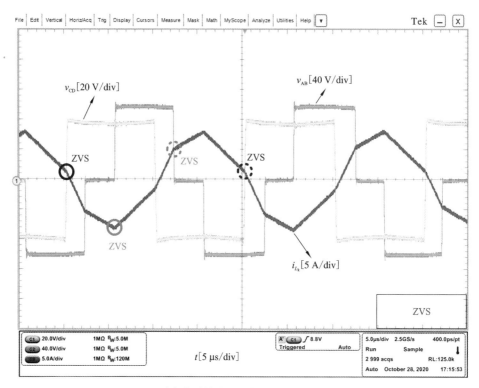

（a）V_1=100 V，V_2=40 V，P_o=180 W

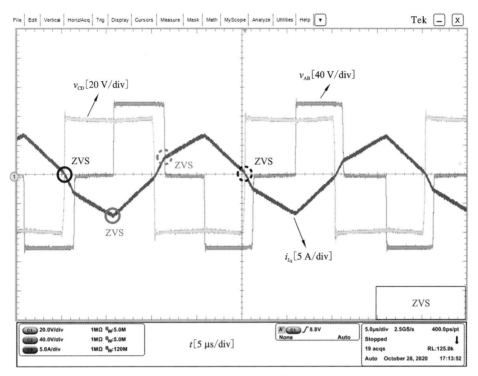

（b）V_1=100 V，V_2=40 V，P_o=150 W

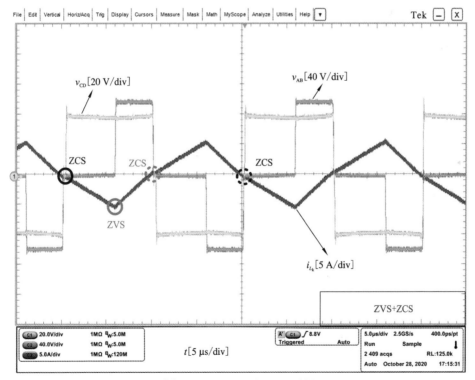

（c）V_1=100 V，V_2=40 V，P_o=100 W

图 3.6　当功率反向流动时不同传输功率情况下的稳态实验波形

图 3.7 所示为本节所提出的 DTPS 方法在正向功率流时不同传输功率情况下的动态实验波形，其中图 3.7（a）表示当 $V_1 = 100\ \text{V}$、$V_2 = 40\ \text{V}$ 时，传输功率 P_o 从 200 W 变为

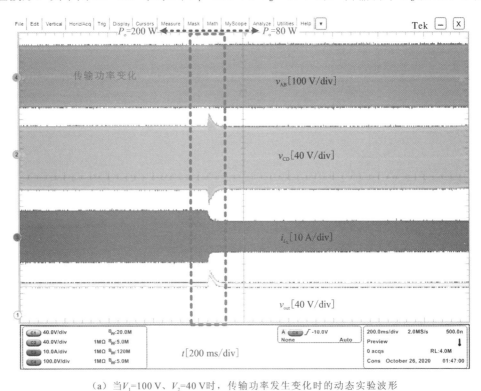

（a）当 $V_1 = 100\ \text{V}$、$V_2 = 40\ \text{V}$ 时，传输功率发生变化时的动态实验波形

（b）当 $V_1 = 140\ \text{V}$、$V_2 = 40\ \text{V}$ 时，传输功率发生变化时的动态实验波形

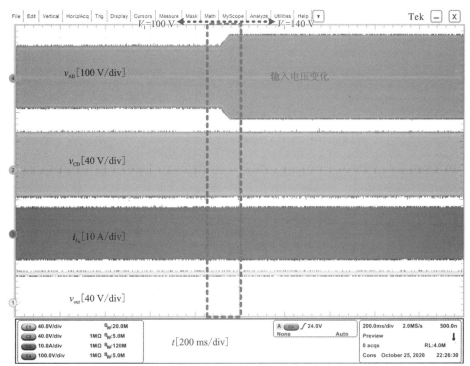

（c）当 P_o=200 W、V_2=40 V 时，输入电压发生变化时的动态实验波形

图 3.7　正向功率流时在不同传输功率情况下的动态实验波形

80 W 时的动态实验波形；图 3.7（b）表示当 V_1=140 V、V_2=40 V 时，传输功率 P_o 从 200 W 变为 80 W 时的动态实验波形；图 3.7（c）表示当传输功率 P_o=200 W、V_2=40 V 时，输入电压 V_1 从 100 V 变为 140 V 时的动态实验波形。如图 3.7 所示，当负载或者输入电压发生变化以后，实际输出电压 V_{out} 和电感电流 i_{L_k} 迅速恢复并保持稳定。从图 3.7（a）和图 3.7（b）可以看出，在负载变化的情况下可以观察到轻微的振荡。这是因为训练后的 DDPG 智能体像一个快速代理预测器，它能将输入参数 (V_1, V_2, P_o) 映射到相应的移相角 (D_1, D_2, D_φ)，因此可以使 DAB DC-DC 变换器具有快速的动态响应性能。

　　为了进一步证明本节所提出的 DTPS 方法在传输效率和稳态性能方面提升的能力，接下来与现有的调制策略进行对比，如 SPS 调制[9]、DPS 调制[10]、EPS 调制[11]、基于粒子群优化的 TPS（PSO TPS，PTPS）调制[2]方法和本书所提出的 RAPS 方法。

　　图 3.8 所示为实验测量得到的不同方法之间的无功功率曲线图，其中图 3.8（a）为输入电压 V_1=100 V、输出电压 V_2=40 V 时，无功功率 Q 随传输功率 P_o 的变化曲线；图 3.8（b）为输入电压 V_1=140 V、输出电压 V_2=40 V 时，无功功率 Q 随传输功率 P_o 的变化曲线。如图 3.8 所示，在整个运行范围下，本节所提出的 DTPS 方法和第 2 章提出的 RAPS 方法的无功功率曲线比较接近，且相比于其他 4 种调制策略可以有效降低 DAB DC-DC 变换器的无功功率。与此同时，本节提出的 DTPS 方法的无功功率曲线在大多数情况下低于 RAPS。这主要是因为本节提出的 DTPS 方法在采用统一谐波分析模

型的基础上运用了先进的 DDPG 算法进行离线训练，这为 DAB DC-DC 变换器求解全局最优调制策略提供了更有利的条件。

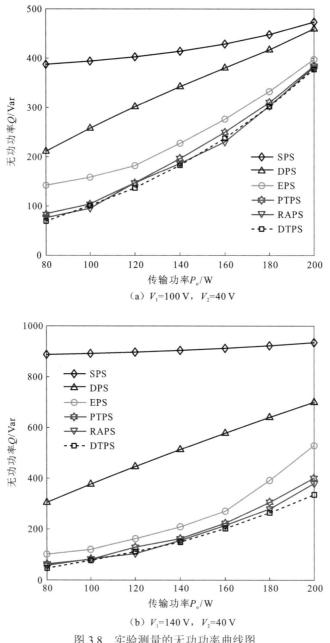

（a）V_1=100 V，V_2=40 V

（b）V_1=140 V，V_2=40 V

图 3.8　实验测量的无功功率曲线图

图 3.9 所示为实验测量得到的不同方法之间的传输效率对比曲线，其中图 3.9（a）为输入电压 V_1=100 V、输出电压 V_2=40 V 时，传输效率 η 随传输功率 P_o 的变化曲线；图 3.9（b）为输入电压 V_1=140 V、输出电压 V_2=40 V 时，传输效率 η 随传输功率 P_o 的

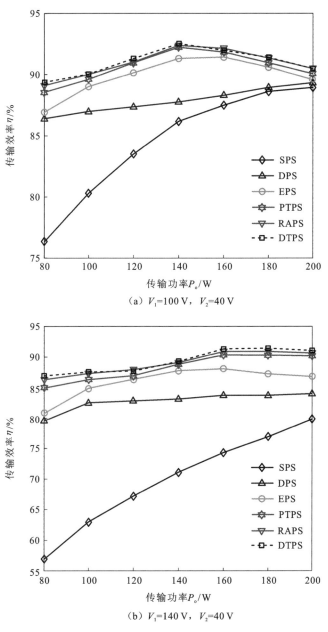

图 3.9　实验测量的传输效率曲线图

变化曲线。由图 3.9 可知，在整个运行范围下，RAPS 和本节提出的 DTPS 方法的传输效率曲线比较接近，且传输效率高于其他 4 种调制策略，其传输效率曲线与图 3.8 所示的无功功率曲线相对应。根据图 3.9（a）所示的传输效率曲线，当输入电压 $V_1 = 100$ V 时，本节提出的 DTPS 方法在传输功率 $P_o = 140$ W 时达到最大的 92.5%，与 SPS 调制策略相比，效率提升了 6.3 个百分点。根据图 3.9（b）所示的传输效率曲线，当输入电压 $V_1 = 140$ V

时，本节提出的 DTPS 方法在传输功率 P_o=200 W 时达到 90.6%，与 SPS 调制策略相比，效率提升了 10.8 个百分点。因此，在不同的运行条件下，本节提出的 DTPS 方法能有效提升 DAB DC-DC 变换器的传输效率。

基于上述分析，本节所提出的 DTPS 方法可以在整个运行范围内在保证软开关性能的条件下降低 DAB DC-DC 变换器的无功功率。与基于元启发式算法和强化学习优化调制策略相比，训练好的 DDPG 智能体可实时在线提供优化调制策略，而不需要相应的查找表，具有准确、快速的动态响应性能。与 RAPS 方法相比较，DTPS 方法的整个训练过程可以一次性完成，简化了训练的复杂度、节约了训练时间。与此同时，上述实验结果也与理论分析相吻合，验证了理论分析的正确性。

参 考 文 献

[1] Tang Y H, Hu W H, Cao D, et al. Artificial intelligence-aided minimum reactive power control for the DAB converter based on harmonic analysis method[J]. IEEE Transactions on Power Electronics, 2021, 36(9): 9704-9710.

[2] Shi H C, Wen H Q, Hu Y H, et al. Reactive power minimization in bidirectional DC-DC converters using a unified-phasor-based particle swarm optimization[J]. IEEE Transactions on Power Electronics, 2018, 33(12): 10990-11006.

[3] Mou D, Luo Q M, Wang Z Q, et al. Optimal asymmetric duty modulation to minimize inductor peak-to-peak current for dual active bridge DC-DC converter[J]. IEEE Transactions on Power Electronics, 2021, 36(4): 4572-4584.

[4] 赵彪, 宋强. 双主动全桥 DC-DC 变换器的理论和应用技术[M]. 北京: 科学出版社, 2017.

[5] Ye Y J, Qiu D W, Sun M Y, et al. Deep reinforcement learning for strategic bidding in electricity markets[J]. IEEE Transactions on Smart Grid, 2020, 11(2): 1343-1355.

[6] Lillicrap T P, Hunt J J, Pritzel A, et al. Continuous control with deep reinforcement learning[EB/OL]. (2015-09-09)[2025-01-02]. https://arxiv.org/abs/1509.02971v6.

[7] Wang Y D, Sun J, He H B, et al. Deterministic policy gradient with integral compensator for robust quadrotor control[J]. IEEE Transactions on Systems, Man, and Cybernetics: Systems, 2020, 50(10): 3713-3725.

[8] Fayed H A, Atiya A F. Speed up grid-search for parameter selection of support vector machines[J]. Applied Soft Computing, 2019, 80: 202-210.

[9] De Doncker R W A A, Divan D M, Kheraluwala M H. A three-phase soft-switched high-power-density DC/DC converter for high-power applications[J]. IEEE Transactions on Industry Applications, 1991, 27(1): 63-73.

[10] Zhao B, Song Q, Liu W H, et al. Current-stress-optimized switching strategy of isolated bidirectional DC-DC converter with dual-phase-shift control[J]. IEEE Transactions on Industrial Electronics, 2013, 60(10): 4458-4467.

[11] Liu B C, Davari P, Blaabjerg F. An optimized hybrid modulation scheme for reducing conduction losses in dual active bridge converters[J]. IEEE Journal of Emerging and Selected Topics in Power Electronics, 2021, 9(1): 921-936.

第 4 章　不依赖电路模型的双有源全桥变换器调制优化技术

当前电力电子变换器的效率优化需要依赖精确的电路参数，但是这在实际应用中是无法实现的，因为电力电子变换器的结构寄生参数与器件及其布局、器件结构尺寸密切相关[1]。为了解决上述问题，本章提出一种不依赖电路模型的在线效率自优化方法，以进一步提升 DAB DC-DC 变换器的传输效率。通过在实际的电路平台上，运用 DDPG 算法构建自适应环境参数变化的在线自学习系统，使 DAB DC-DC 变换器在构建的六维空间里进行自动探索实验。所提方法使 DAB DC-DC 变换器具备"效率自优化"能力，找到一种效率最优的 TPS 调制策略[2]。本章详细分析以上方法的设计思路、具体方法的实现过程，并对训练结果进行相应的实验验证，验证理论分析的正确性。

4.1　在线效率自优化概念

为了突破现有电力电子变换器的效率优化需要依赖电路模型的局限性，本章提出一种应用于 DAB DC-DC 变换器的不依赖电路模型的在线效率自优化概念，以建立一种能够自适应环境参数变化的在线自学习系统，使变换器具备"效率自优化"能力，找到一种最优效率所对应的优化调制策略。

图 4.1 所示为本章所提的在线效率自优化方法的概念图。通过用 DDPG 算法指导实际 DAB DC-DC 变换器实验平台进行自动探索实验，以求解一种能够有效提升其传输效率的优化调制策略。对于每次探索实验，电能（E_{in}）从输入侧流入 DAB DC-DC 变换器，在 DDPG 智能体的控制下以另外一种形式的电能（E_{out}）通过输出侧流出，这个过程中产生的能量损失（E_{loss}）以热量的形式耗散掉。与此同时，DDPG 智能体将对相应的输入和输出数据进行采样和在线分析以用于指导下一回合的训练。在 DDPG 智能体的指导下，DAB DC-DC 变换器进行反复的自动探索实验，以期找到效率最优的调制策略。

图 4.2 所示为具体的 DAB DC-DC 变换器在线效率自优化方法的原理图。整个自动优化过程由 DDPG 算法驱动，包括在线实验、在线分析和网络参数更新。DDPG 算法的相关原理已在 3.2 节中进行了分析，在本章中不再赘述。从图 4.2 可以看出，DAB DC-DC 变换器的输入侧接直流电源的恒压模式（CV 模式），输出侧接直流电子负载的恒阻模式

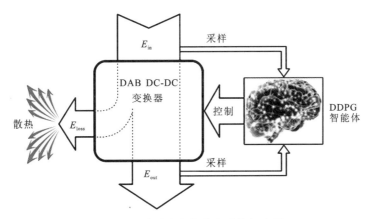

图 4.1　在线效率自优化方法的概念图

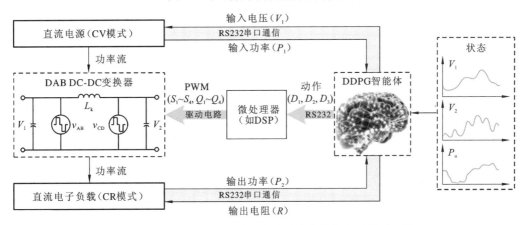

图 4.2　DAB DC-DC 变换器在线效率自优化方法的原理图

脉冲宽度调制（pulse width modulation，PWM）

（CR 模式）。由微处理器（例如 DSP）产生相应的驱动信号，再通过相应的驱动电路驱动 DAB DC-DC 变换器。在自动探索的过程中，直流电源、直流电子负载和微处理器通过 RS232 串口与 DDPG 智能体进行通信，该 DDPG 智能体在训练过程中可搭载在相应的计算机中。

DAB DC-DC 变换器的电路拓扑包含 1 个隔离变压器 T_r、1 个外部串联电感 L_r 和 2 个桥式变换单元（全桥 1 和全桥 2），每个全桥包含两个桥臂，每个桥臂包含两个开关管。在线效率自优化基于 TPS 调制策略，具有 3 个自由度。为了简化分析，重新定义了 3 个移相角，如图 4.3 所示。其中 D_1 表示开关管 S_4 与开关管 S_1 之间的移相角，D_2 表示开关管 Q_1 与开关管 S_1 之间的移相角，D_3 表示开关管 Q_4 与开关管 S_1 之间的移相角。在经典的移相调制方法中，DAB DC-DC 变换器的性能由不同桥臂之间的移相角(D_1, D_2, D_3)决定。TPS 调制包含 3 个可以单独调整的优化控制量(D_1, D_2, D_3)，相对于 SPS 调制、EPS 调制和 DPS 调制，TPS 调制是最灵活的移相调制策略[3]。基于此，构建基于 DDPG 算法的自适应环境参数变化的在线效率优化自学习系统，使 DAB DC-DC 变换器在构建的六维空间里进行自动探索实验。因此，将状态空间 S 定义为$[V_1, V_2, P_o]$，将动作空间 A 定义为$[D_1, D_2, D_3]$。

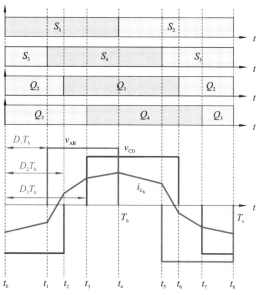

图 4.3 TPS 调制策略的移相角定义和关键波形

如图 4.2 所示，在每次探索实验中，DDPG 智能体根据当前的状态 $s(V_1, V_2, P_o)$ 产生相应的状态指令，并通过 RS232 串口给直流电源、直流电子负载和微处理器发送相应的指令。具体来说，向直流电源发送电压值指令 V_1；向直流电子负载发送电阻值指令 R，且 $R = V_2^2/P_o$；向微处理器发送相应的移相角 (D_1, D_2, D_3)，并经过驱动电路驱动 DAB DC-DC 变换器。等 DAB DC-DC 变换器运行稳定以后，计算机通过 RS232 串口分别向直流电源和直流电子负载读取稳态时 DAB DC-DC 变换器的输入功率 P_1 和输出功率 P_2，并进行在线分析，以进一步指导下一回合的自动探索实验。直到达到设置的最大训练回合数，整个训练过程才会停止。

整个在线效率优化过程结束以后，训练好的 DDPG 智能体可以被存储在一个微处理器中。当微处理器检测到 DAB DC-DC 变换器的运行环境 (V_1, V_2, P_o) 时，经过训练的 DDPG 智能体像一个快速代理预测器，它能将输入参数 (V_1, V_2, P_o) 映射到相应的移相角 (D_1, D_2, D_3)，为 DAB DC-DC 变换器提供实时在线的优化调制策略。下面将对在线效率自优化的实现过程进行分析。

4.2 在线效率自优化实现

4.2.1 实现过程

图 4.4 所示为 DAB DC-DC 变换器在线效率自优化方法的实现原理图，整个在线循环训练包含 3 个部分，即在线实验、在线分析和网络参数更新。所提出的在线效率自优

化方法可以在没有任何电路模型的情况下,指导 DAB DC-DC 变换器进行自动探索实验,以期找到最高效率所对应的优化调制策略。具体来说,DAB DC-DC 变换器实验平台在 DDPG 智能体的控制下进行在线探索实验。在线分析的作用是实时分析当前探索实验的效果,并进一步用于更新 DDPG 算法的网络参数。DDPG 算法用于学习优化的调制策略,并指导下一回合的探索实验。DDPG 智能体具备自主决策能力,可以根据当前状态 $s(V_1, V_2, P_o)$ 生成相应的动作 $a(D_1, D_2, D_3)$。对于每一回合的训练,DAB DC-DC 变换器将进行 10 次独立的探索实验。基于此,每一回合的训练结束以后,相应的实验结果将用于分析累计奖励值并进一步更新网络参数来完成一个循环训练过程。这样的在线循环训练将不断重复直到达到预定的最大训练回合数。随着训练的不断进行,所学习到的策略将不断完善,以便于做出更好的决策。

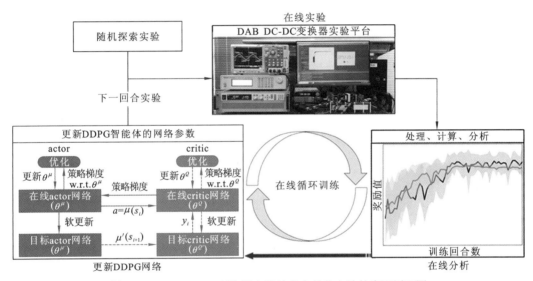

图 4.4　DAB DC-DC 变换器在线效率自优化方法的实现原理图

在本节中,DDPG 算法的作用是为 DAB DC-DC 变换器在不同运行条件下求解一种最大传输效率所对应的优化调制策略。DAB DC-DC 变换器的输入电压 V_1 在 100～140 V 变化,以模拟输入电压有较宽变化范围的应用场合,输出电压 V_2 的范围为 40～50 V,设置额定传输功率为 200 W。在本节中,假设功率从 DAB DC-DC 变换器的初级侧流向次级侧,3 个移相角 (D_1, D_2, D_3) 约束范围均为 0～1。

在自动在线训练过程中,DDPG 智能体在学习过程中通过不断试错来学习相应的策略,经历过前期的探索后,其学习到的策略将逐渐提升。对 DDPG 算法而言,其训练效果会受到奖励函数 $R(D_1, D_2, D_3)$ 的影响,因此给 DAB DC-DC 变换器的效率优化设置一个合适的奖励函数十分重要。该奖励函数的目的是使 DDPG 算法能够在整个连续的运行范围内 (V_1, V_2, P_o) 求得最大的传输效率和最小功率误差所对应的最佳移相角 (D_1, D_2, D_3),因此其奖励函数 $R(D_1, D_2, D_3)$ 定义如下:

$$R(D_1, D_2, D_3) = \alpha \frac{P_2}{P_1} - \beta |P_2 - P_0| \qquad (4.1)$$

式中，P_1 为当前状态和动作下 DAB DC-DC 变换器的输入功率；P_2 为当前状态和动作下 DAB DC-DC 变换器的输出功率；P_0 为当前状态下期望的输出功率；α 为传输效率所对应的惩罚因子；β 为功率误差所对应的惩罚因子。对于 DDPG 算法的训练，在 α 和 β 之间选择合适的权重因子是非常关键的，因为不同的权重值也会对其训练效果产生一定的影响。对于 DDPG 算法的训练，参数 α 的值选取越大将越有利于 DDPG 智能体找到更高的传输效率，但是这可能会增加相应的功率误差。相反，参数 β 的值选取越大将越有利于减小对应的功率误差，但是这可能会降低其传输效率的提升能力。

在实际应用中，首先基于电路模型仿真的方式运用试错法来寻找几组合适的 α 值和 β 值。α 的取值范围为 0～20，β 的取值范围为 0～2。每次仿真训练结束后，选取 10000 多组随机数据进行分析，如平均传输效率和平均功率误差，还分析训练过程的稳定性和有效性。通过上述基于电路模型的仿真训练，找到合适的几组 α 值和 β 值后，再通过实际的在线优化训练进行验证和对比分析，以确定最终的 α 值和 β 值。通过上述过程，经过相应的权衡以后，在本节中 α 值选为 8，β 值选为 0.1。

对 DDPG 算法而言，选择合适的超参数和网络结构也很重要。DDPG 算法包含的主要超参数有神经网络的层数、每个隐藏层所包含的神经元数量、学习率等。在实际应用中，通过电路模型仿真的方式采用 Grid Search 方法来寻找合适的超参数。通过 Grid Search 方法，DDPG 算法中的 actor 网络和 critic 网络均采用相同的结构，每个网络设置成 4 层，即 1 个输入层、2 个隐藏层、1 个输出层；将 actor 网络和 critic 网络中的 2 个隐藏层的神经元数目均设置为 200，输入层由 (V_1, V_2, P_0) 组成，输出层由 (D_1, D_2, D_3) 组成。此外，critic 网络的学习率 λ_c 和 actor 网络的学习率 λ_a 分别设置为 0.002 和 0.001。本节中所设置的其他超参数如表 4.1 所示。类似于 3.2 节，本节中 critic 网络中的隐藏层和输出层采用了 ReLU 激活函数，actor 网络中的输出层采用了 tanh 激活函数和 Softplus 激活函数。最大训练回合数 N 设置为 12000，在每个回合里进行 10 次单独的探索实验，因此整个训练过程将需要进行 120000 次独立的自动探索实验。

表 4.1 在线效率自优化方法中 DDPG 算法的关键训练参数

参数	值
critic 网络的学习率 λ_c	0.002
actor 网络的学习率 λ_a	0.001
软更新因子 τ	0.001
经验回收池容量 M	10000
最大训练回合数 N	12000
每个训练集的步长	10
训练批次 m	32

本节所提出的在线效率自优化方法的实现原理如图 4.2 所示，在实现过程中主要包括各类型号的实验仪器。其中，恒压模式（CV 模式）下的直流电源接 DAB DC-DC 变换器的输入侧，恒阻模式（CR 模式）下的直流电子负载接 DAB DC-DC 变换器的输出侧。微处理器选用 LAUNCHXL-F28379D 开发套件，其主芯片的型号为 TMS320F28379D 的 32 位浮点 DSP 处理器。DDPG 智能体搭载在 Windows 10 操作系统上进行训练，其中处理器的型号为 Intel(R) Core(TM)i7-8700 CPU@3.20GHz 3.19 GHz。选用 4 个两路隔离驱动电路用于驱动 DAB DC-DC 变换器。以上 4 个驱动电路均由直流电源作为辅助电源进行供电。示波器不参与自动探索实验，仅用于显示训练过程中的波形，搭配 2 个电压探头和 1 个电流探头分别用于测量初级交流电压（v_{AB}）、次级交流电压（v_{CD}）和流过等效串联电感 L_k 的电流 i_{L_k}。直流电源、直流电子负载和微处理器均通过 RS232 串口与计算机（DDPG 智能体）进行通信。计算机（DDPG 智能体）在与直流电源和直流电子负载通信时采用可编程仪器标准命令（standard commands for programmable instrumentation，SCPI），计算机（DDPG 智能体）通过采用 SCPI 分别发送相应的电压赋值指令、电阻赋值指令和功率读取指令。同时，计算机（DDPG 智能体）通过串行通信接口（serial communication interface，SCI）将相应的移相角(D_1, D_2, D_3)发送给微处理器。

在 DDPG 算法构建的自适应环境参数变化的在线效率优化自学习系统中，DAB DC-DC 变换器在构建的六维空间里连续进行 12000 个回合（120000 次）的独立自动探索实验，总共需要约 71 h。图 4.5 所示为在线自动探索实验过程中的平均累计奖励值变化趋势，其中实线表示平均累计奖励值，阴影部分表示标准差，虚线框表示放大后图像。从图 4.5 可以看出，整个训练过程可分为 3 个阶段，即探索阶段、学习阶段和收敛阶段。首先，在探索阶段（约前 1000 回合，花费约 6 h），DDPG 智能体进行随机探索，DAB DC-DC 变换器以随机的移相角(D_1, D_2, D_3)进行探索实验，以期找到合适的策略。因此，在探索阶段，学习到的策略无法提供合适的调制策略，导致平均累计奖励值相对较低。在学习阶段（约 1000～4000 回合，约 18 h），DDPG 智能体开始进行学习，对应的奖励值得到快速提升。在收敛阶段（约 4000～12000 回合，约 47 h），DDPG 智能体的训练逐渐趋于稳定，以期找到最优的策略。大约在 8000 回合之后，整个自动探索过程逐渐趋于稳定，并在接下来的 4000 回合里平均累计奖励值没有明显的提升。整个训练过程的平均累计奖励值曲线表明，在实际的 DAB DC-DC 变换器实验平台上借助 DDPG 算法实现了在线"自学习"。在进行了 120000 次连续的自动探索实验（12000 回合），总计约 71 h 的自动探索实验后，DDPG 智能体找到了相应的优化调制策略。

图 4.6 所示为在线训练结束后，各种输出电压 V_2 情况下移相角(D_1, D_2, D_3)在不同运行条件下的曲面图。其中，图 4.6（a）展示了输出电压 V_2=40 V 时移相角(D_1, D_2, D_3)的曲面图，图 4.6（b）展示了输出电压 V_2=45 V 时移相角(D_1, D_2, D_3)的曲面图，图 4.6（c）展示了输出电压 V_2=50 V 时移相角(D_1, D_2, D_3)的曲面图。从图 4.6 可以看出，移相角(D_1, D_2, D_3)与输入电压 V_1 和传输功率 P_o 并非简单的线性关系，因为 DAB DC-DC 变换

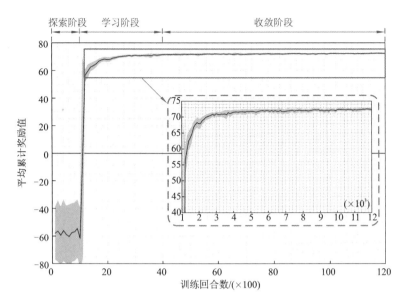

图 4.5　在线自动探索实验过程中的平均累计奖励值变化

器的结构寄生参数与器件及其布局、器件结构尺寸密切相关。可以大致看出，移相角 D_2 随着传输功率的增加而呈现先增加后减少趋势，移相角 D_1 和 D_3 随着传输功率的增加而呈现减小趋势，且随着传输功率的增加移相角 D_2 和 D_3 逐渐趋于接近。不依赖电路模型的在线效率自优化方法在实际 DAB DC-DC 变换器的电路平台中进行自动探索实验来求解优化调制策略，而无需 DAB DC-DC 变换器的任何电路模型，这为进一步提高 DAB DC-DC 变换器的传输效率提供了巨大的潜力。

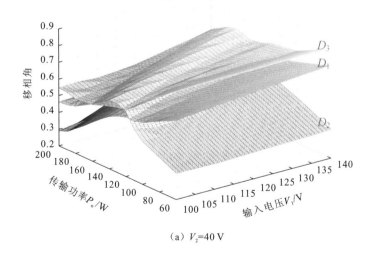

（a）V_2=40 V

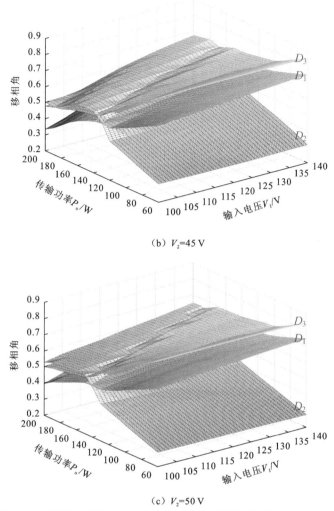

（b）V_2=45 V

（c）V_2=50 V

图 4.6　在线训练结束后，各种输出电压 V_2 情况下移相角(D_1, D_2, D_3)
在不同运行条件下的曲面图

4.2.2　实验验证

为了验证在线效率自优化（online efficiency self-optimization，OESO）调制策略的可行性和有效性，本小节将进行相应的实验验证和实验分析。所搭建的 DAB DC-DC 变换器实验平台和对应的样机照片如图 2.9 所示，实验平台的主要设计指标如表 2.5 所示，具体在线效率自优化的实现过程在 4.2 节中进行了详细分析。接下来将给出详细的实验结果和实验分析，以验证理论分析的正确性和有效性。

图 4.7 和图 4.8 展示了本节所提出的 OESO 方法在负载变化时的正向动态实验波形和变化前后放大的稳态实验波形。图 4.7（a）所示为当输入电压 V_1=100 V、输出电压 V_2=40 V 时，负载 load 从 20 Ω 变为 8 Ω 的动态实验波形。图 4.8（a）所示为当输入电

压 V_1 =140 V、输出电压 V_2 =40 V 时，负载 load 从 20 Ω 变为 8 Ω 的动态实验波形。根据图 4.7（a）和图 4.8（a）可以看出，电感电流 i_{L_k} 和实际输出电压 V_{out} 在负载 load 发生变化以后可以迅速恢复并保持稳定，这表明 OESO 方法具有良好的动态性能。

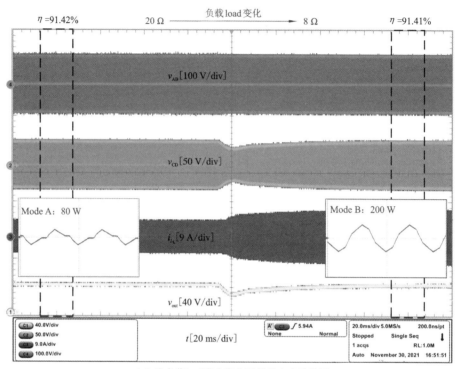

（a）当负载 load 发生变化时的动态实验波形

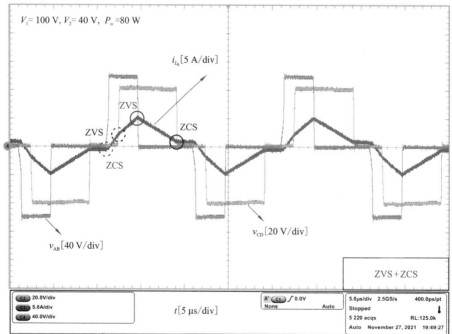

（b）Mode A（P_o =80 W）所对应的稳态实验波形

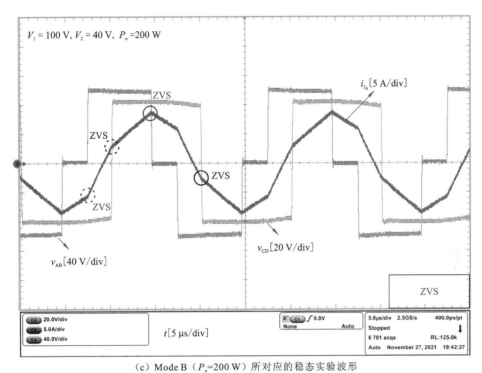

（c）Mode B（P_o=200 W）所对应的稳态实验波形

图 4.7　当输入电压 V_1 = 100 V、输出电压 V_2 = 40 V 时的实验波形

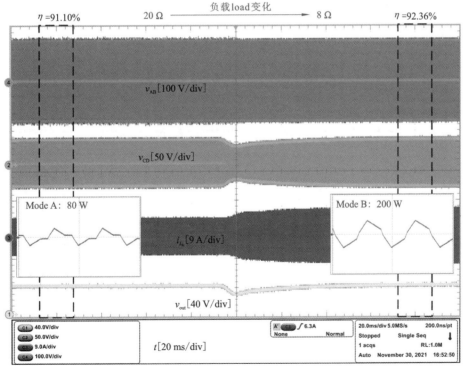

（a）当负载load发生变化时的动态实验波形

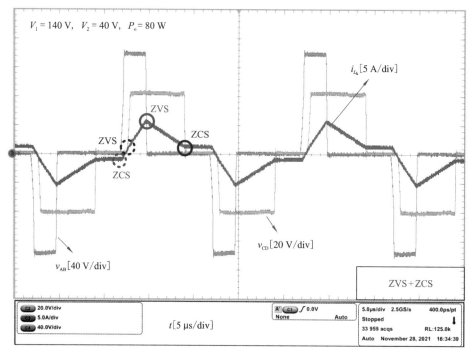

（b）Mode A（P_o=80 W）所对应的稳态实验波形

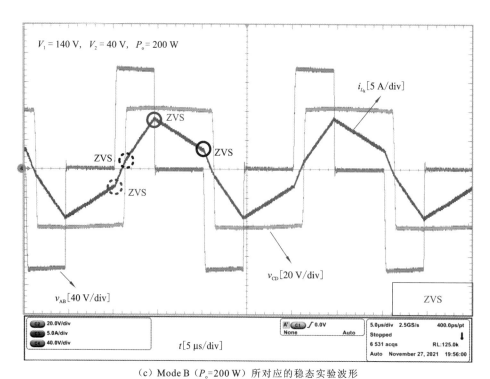

（c）Mode B（P_o=200 W）所对应的稳态实验波形

图 4.8　当输入电压 V_1 = 140 V、输出电压 V_2 = 40 V 时的实验波形

图 4.7（b）、图 4.7（c）、图 4.8（b）和图 4.8（c）分别表示电路状态变化前后相应的放大实验波形。具体来说，Mode A 表示负载变化之前放大的稳态实验波形，而 Mode B 表示负载变化之后放大的稳态实验波形。此外，在放大的稳态实验波形中，深色的实线圆圈表示初级侧第一个桥臂（S_1、S_2）的软开关情况，深色的虚线圆圈表示初级侧第二个桥臂（S_3、S_4）的软开关情况，浅色的实线圆圈表示次级侧第一个桥臂（Q_1、Q_2）的软开关情况，浅色的虚线圆圈表示次级侧第二个桥臂（Q_3、Q_4）的软开关情况。从图 4.7（b）和图 4.8（b）可以看出，在轻载条件下对应 TPS 调制策略；开关管 S_3、S_4、Q_1 和 Q_2 均实现 ZCS 关断，而其余的 4 个开关管实现了 ZVS 开通，DAB DC-DC 变换器实现了零电压零电流开关（zero-voltage zero-current switching，ZVZCS）性能，即 ZVS+ZCS。此外，从图 4.7（c）和图 4.8（c）可以看出在重载条件下，对应 EPS 调制策略；所有的开关管（S_1～S_4，Q_1～Q_4）都实现了 ZVS 开通。这说明开关管的开关损耗在自动探索实验过程中也被考虑进去。此外，图 4.7（b）、图 4.7（c）、图 4.8（b）和图 4.8（c）所示的移相角和调制策略类型与图 4.6 一致。

图 4.9 所示为当输出电压 V_2=40V、传输功率 P_o=160 W 时正向功率传输下的动态实验波形。从图 4.9（a）可以看出，当输入电压 V_1 从 100 V 切换到 140 V 时，电感电流 i_{L_k} 能够快速恢复并保持稳定。与此同时，电感电流 i_{L_k} 和实际输出电压 V_{out} 的恢复过程十分平顺，并没有明显的振荡。从图 4.9（b）和图 4.9（c）可以看出放大后的实验波形说明所有的开关管均实现了 ZVS 开通。

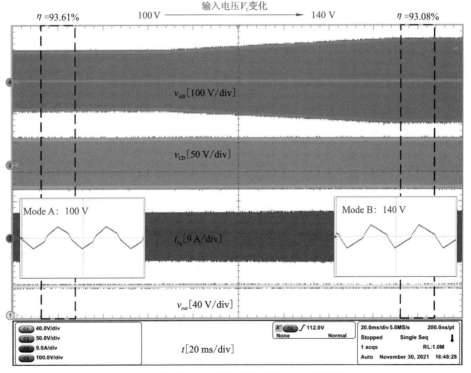

（a）当输入电压 V_1 发生变化时的动态实验波形

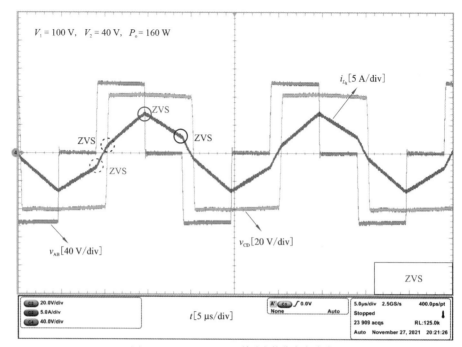

（b）Mode A（V_1=100 V）所对应的稳态实验波形

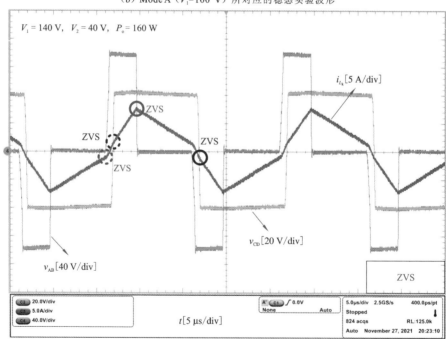

（c）Mode B（V_1=140 V）所对应的稳态实验波形

图 4.9　当输出电压 V_2 = 40 V、传输功率 P_o = 160 W 时的动态实验波形

　　接下来，将对不同输入电压 V_1 和不同输出电压 V_2 情况下轻载和重载的稳态实验波形进行分析。图 4.10 所示为输出电压 V_2 = 45 V 时不同输入电压和传输功率条件下的稳态实验波形。根据图 4.10 可以看出，在低传输功率情况下对应 TPS 调制策略，开关管 S_3、

S_4、Q_1 和 Q_2 均实现了 ZCS 关断，而其余的 4 个开关管实现了 ZVS 开通，即 DAB DC-DC 变换器实现了 ZVZCS 性能；在高传输功率条件下对应 EPS 调制策略，所有的开关管（$S_1 \sim S_4$，$Q_1 \sim Q_4$）都实现了 ZVS 开通。

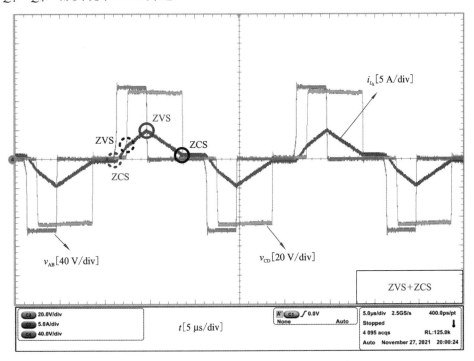

（a）$V_1 = 100$ V，$P_o = 80$ W

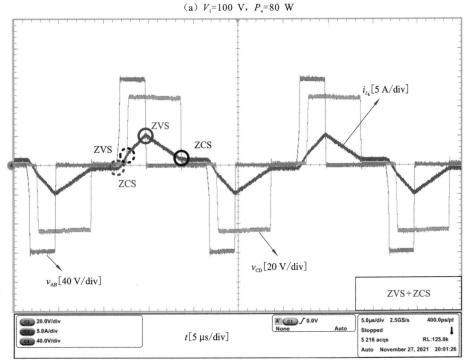

（b）$V_1 = 120$ V，$P_o = 80$ W

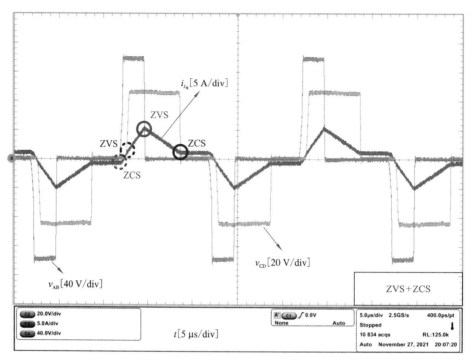

（c）$V_{i}=140$ V，$P_{o}=80$ W

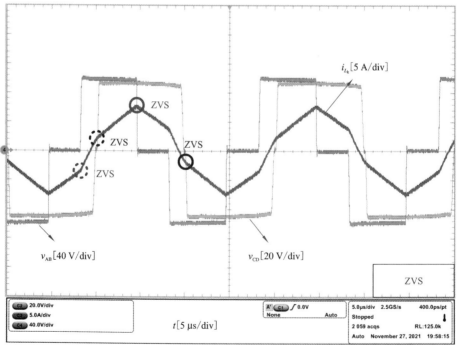

（d）$V_{i}=100$ V，$P_{o}=200$ W

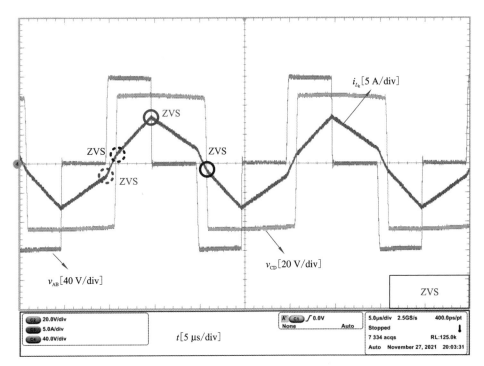

（e）$V_1 = 120\,\text{V}$，$P_o = 200\,\text{W}$

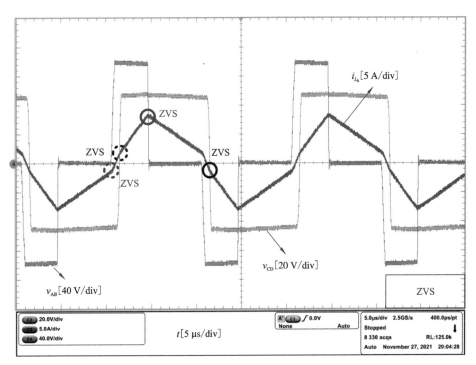

（f）$V_1 = 140\,\text{V}$，$P_o = 200\,\text{W}$

图 4.10　当输出电压 $V_2 = 45\,\text{V}$ 时不同输入电压和传输功率下的稳态实验波形

图 4.11 所示为输出电压 $V_2 = 50$ V 时不同输入电压和传输功率条件下的稳态实验波形。图 4.11（a）表示输入电压 $V_1 = 100$ V、传输功率 $P_o = 80$ W 时的稳态实验波形；图 4.11（b）表示输入电压 $V_1 = 120$ V、传输功率 $P_o = 80$ W 时的稳态实验波形；图 4.11（c）表示输入电压 $V_1 = 140$ V、传输功率 $P_o = 80$ W 时的稳态实验波形；图 4.11（d）表示输入电压 $V_1 = 100$ V、传输功率 $P_o = 200$ W 时的稳态实验波形；图 4.11（e）表示输入电压 $V_1 = 120$ V、传输功率 $P_o = 200$ W 时的稳态实验波形；图 4.11（f）表示输入电压 $V_1 = 140$ V、传输功率 $P_o = 200$ W 时的稳态实验波形。从上述稳态实验结果可以看出，图 4.11 所示的稳态实验波形与图 4.10 所示的稳态实验波形相类似，即在低功率条件下使 DAB DC-DC 变换器实现了 ZVS+ZCS 性能，在高功率条件下使 DAB DC-DC 变换器中所有的开关管均实现了 ZVS 开通。

为了证明 OESO 方法的传输效率提升能力，接下来与现有的调制策略进行对比，如 SPS 调制、EPS 调制、基于粒子群优化的 TPS（PSO TPS，PTPS）调制、2.2 节所提出的 RAPS 方法和 2.3 节所提出的 DTPS 方法。2.3 节中已经证明了 DTPS 方法与现有的移相调制方法相比具有优异的效率提升能力，为了便于对比和分析，接下来将首先对比 OESO 方法与 DTPS 方法在不同运行情况下的传输效率，然后给出不同条件下各种方法间的损耗分析柱状图。

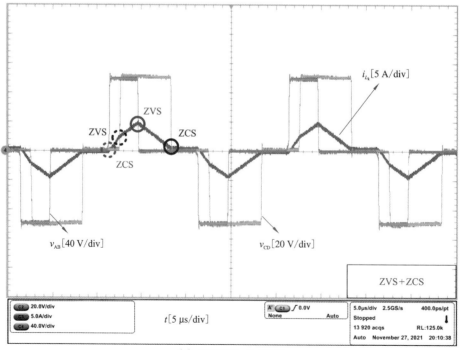

（a）$V_1 = 100$ V，$P_o = 80$ W

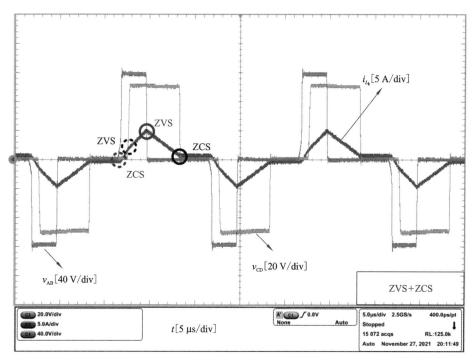

（b）$V_1=120$ V，$P_o=80$ W

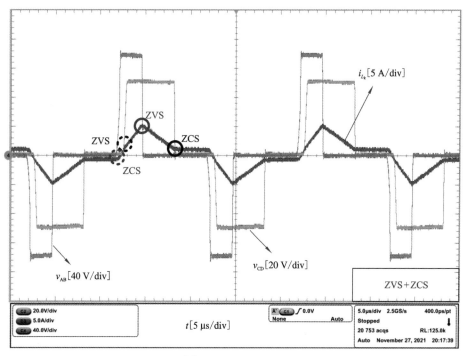

（c）$V_1=140$ V，$P_o=80$ W

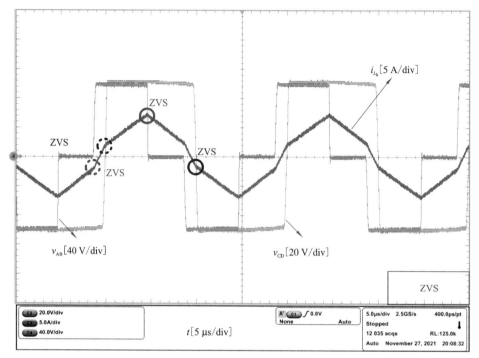

（d）V_1=100 V，P_o=200 W

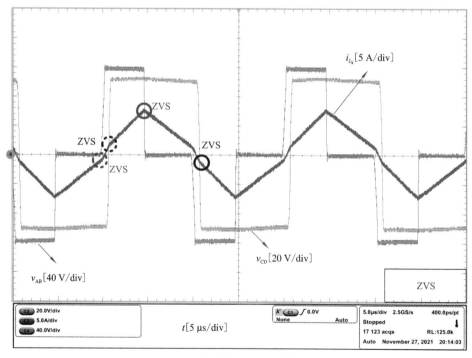

（e）V_1=120 V，P_o=200 W

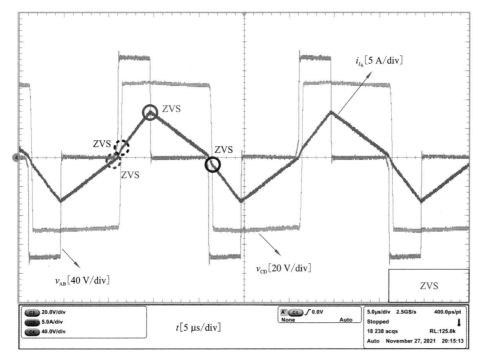

（f）$V_1 = 140\,\text{V}$，$P_o = 200\,\text{W}$

图 4.11　当输出电压 $V_2 = 50\,\text{V}$ 时不同输入电压和传输功率下的稳态实验波形

　　图 4.12 所示为输出电压 $V_2 = 40\,\text{V}$ 时，实验测量得到的 OESO 方法与 DTPS 方法之间的传输效率对比曲线。其中图 4.12（a）为输入电压 $V_1 = 100\,\text{V}$ 时，传输效率 η 随传输功率 P_o 的变化曲线；图 4.12（b）为输入电压 $V_1 = 120\,\text{V}$ 时，传输效率 η 随传输功率 P_o 的变化曲线；图 4.12（c）为输入电压 $V_1 = 140\,\text{V}$ 时，传输效率 η 随传输功率 P_o 的变化曲线。根据图 4.12 可以看出，OESO 的传输效率均高于 DTPS 方法，特别是在低功率情况下。2.3 节中已经证明了 DTPS 方法[4]与现有的移相调制方法相比具有优异的效率提升能力，而 OESO 方法相比于 DTPS 方法可以进一步极大地提高 DAB DC-DC 变换器的传输效率。这是因为 OESO 方法基于实际的 DAB DC-DC 变换器进行自动探索实验，为 DAB DC-DC 变换器传输效率的提升提供了更大的潜力。根据图 4.12（a）所示的传输效率曲线，当输入电压 $V_1 = 100\,\text{V}$ 时，所提出的 OESO 方法在传输功率 $P_o = 140\,\text{W}$ 时达到最大的 94.17%，与 DTPS 方法相比传输效率提升了 0.6 个百分点；在轻载条件下（$P_o = 60\,\text{W}$），所提出的 OESO 方法与 DTPS 方法相比传输效率提升了 3.37 个百分点。根据图 4.12（b）所示的传输效率曲线，当输入电压 $V_1 = 120\,\text{V}$ 时，所提出的 OESO 方法在传输功率 $P_o = 160\,\text{W}$ 时达到最大的 93.56%，与 DTPS 方法相比传输功率提升了 0.78 个百分点；在轻载条件下（$P_o = 60\,\text{W}$），所提出的 OESO 方法与 DTPS 方法相比传输效率提升了 5 个百分点。根据图 4.12（c）所示的传输效率曲线，当输入电压 $V_1 = 140\,\text{V}$ 时，OESO 方法在传输功率 $P_o = 160\,\text{W}$ 时达到最大的 93.08%，与 DTPS 方法相比传输效率提升了 1.3 个百分点；在轻载条件下（$P_o = 60\,\text{W}$），所提出的 OESO 方法与 DTPS 调制策略相比传输效率提升了 6.76 个百分点。

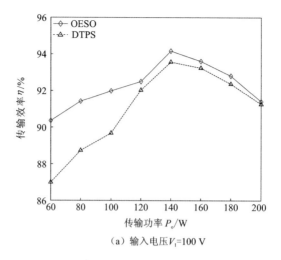

（a）输入电压V_1=100 V

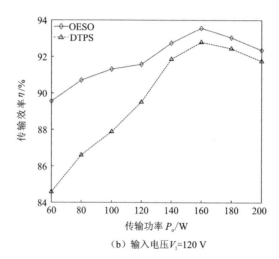

（b）输入电压V_1=120 V

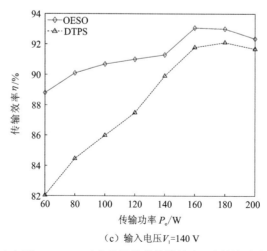

（c）输入电压V_1=140 V

图 4.12 当输出电压 V_2=40 V 时实验测量的传输效率η随传输功率 P_o 的变化曲线

　　图 4.13 所示为输出电压 V_2=45 V 时，实验测量得到的 OESO 方法与 DTPS 方法之间的传输效率对比曲线。图 4.14 所示为输出电压 V_2=50 V 时，实验测量得到的 OESO 方法与 DTPS 方法之间的传输效率对比曲线。其中图 4.14（a）为输入电压 V_1=100 V 时，传输效率 η 随传输功率 P_o 的变化曲线；图 4.14（b）为输入电压 V_1=120 V 时，传输效率 η 随传输功率 P_o 的变化曲线；图 4.14（c）为输入电压 V_1=140 V 时，传输效率 η 随传输功率 P_o 的变化曲线。类似于图 4.12，根据图 4.13 和图 4.14 可以看出 OESO 方法所对应的传输效率均高于 DTPS 方法，特别是在低功率情况下。

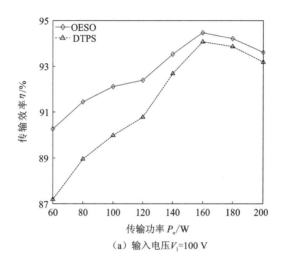

（a）输入电压 V_1=100 V

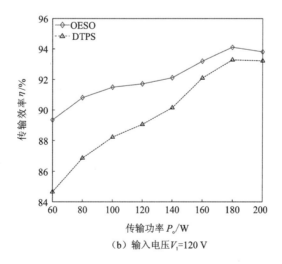

（b）输入电压 V_1=120 V

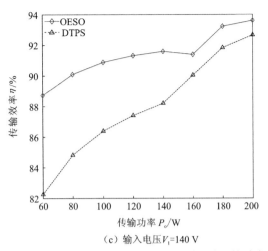

（c）输入电压V_1=140 V

图 4.13　当输出电压 V_2=45 V 时实验测量的传输效率 η 随传输功率 P_o 的变化曲线

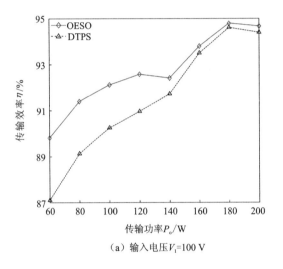

（a）输入电压V_1=100 V

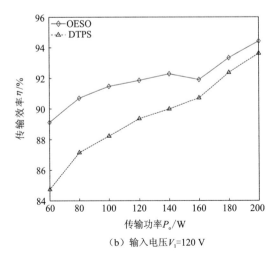

（b）输入电压V_1=120 V

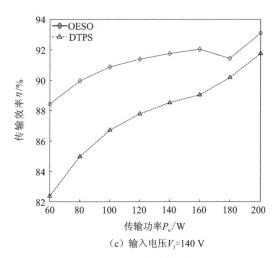

(c) 输入电压V_1=140 V

图 4.14　当输出电压 V_2=50 V 时实验测量的传输效率η随传输功率 P_{o} 的变化曲线

根据图 4.12～图 4.14 可以看出，当电压转换比 k 较低的情况下，OESO 方法和 DTPS 方法的传输效率η随着传输功率 P_{o} 的增加先增加后减小；当电压转换比 k 较高的情况下，OESO 方法和 DTPS 方法的传输效率η随着传输功率 P_{o} 的增加而增大。

图 4.15 所示为输出电压 V_2=45 V 时，实验测量的传输效率η随输入电压 V_1 变化的曲线。从图 4.15 可知，当传输功率 P_{o} 不变时，OESO 方法与 DTPS 方法的传输效率η均随着输入电压 V_1 的增加而减小。OESO 方法所对应的传输效率均高于 DTPS 方法，特别是在高电压转换比 k 情况下。根据图 4.15（a）所示的效率曲线，当传输功率 P_{o}=80 W 和输入电压 V_1=140 V 时，OESO 方法与 DTPS 调制策略相比传输效率提升了 5.31 个百分点。根据图 4.15（b）所示的效率曲线，当传输功率 P_{o}=120 W 和输入电压 V_1=140 V 时，OESO 方法与 DTPS 调制策略相比传输效率提升了 3.86 个百分点。根据图 4.15（c）所示的传输效率曲线，当传输功率 P_{o}=160 W 和输入电压 V_1=140 V 时，OESO 方法与 DTPS 调制策略相比传输效率提升了 1.31 个百分点。基于上述分析，在整个电压转换比 k 的范围内，OESO 方法均能有效提升 DAB DC-DC 变换器的效率，特别是在高电压转换比 k 的情况下。

通过图 4.12～图 4.15 所示的传输效率对比曲线可以看出，在各种不同的运行情况下，相比于 DTPS 方法，OESO 方法均能有效提升 DAB DC-DC 变换器的传输效率，特别是对于轻载条件和高电压转换比 k 情况下。2.3 节中已经证明了 DTPS 方法与现有的移相调制方法相比具有优异的传输效率提升能力，相比之下，OESO 方法可以进一步极大提高传输效率。以上实验结果有效验证了 OESO 方法在提升 DAB DC-DC 变换器传输效率上具有很大的潜力。

为了进一步证明 OESO 方法在传输效率提升的能力，图 4.16 给出了当输出电压 V_2=40 V 时，不同条件下各种方法间的功率损耗分析柱状图，即 SPS 调制、EPS 调制、PTPS 方法、RAPS 方法[5]、DTPS 方法和 OESO 方法。具体的功率损耗分析与图 4.7～图 4.9

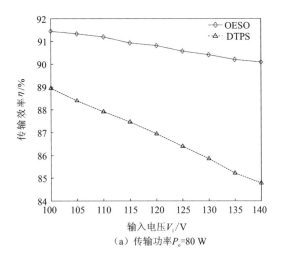

（a）传输功率P_o=80 W

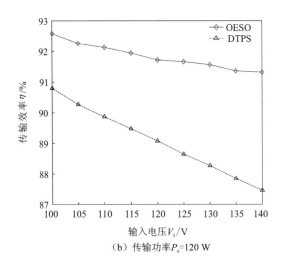

（b）传输功率P_o=120 W

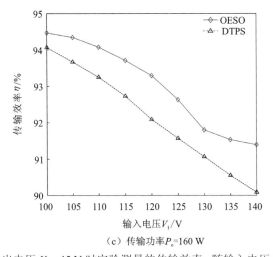

（c）传输功率P_o=160 W

图 4.15　当输出电压 V_2=45 V 时实验测量的传输效率η随输入电压 V_1 的变化曲线

中的动态实验在变换前后的稳态实验波形相对应：图 4.16（a）所示为当输入电压 $V_1 =$ 100 V，传输功率 P_o 在 80 W 和 200 W 条件下的功率损耗分析，与图 3.7 所示的稳态实验结果相对应；图 4.16（b）所示为当输入电压 $V_1 = 140$ V，传输功率 P_o 在 80 W 和 200 W 条件下的功率损耗分析，与图 4.8 所示的稳态实验结果相对应；图 4.16（c）所示为当传输功率 $P_o = 160$ W，输入电压 V_1 在 100 V 和 140 V 条件下的功率损耗分析，与图 4.9 所示的稳态实验结果相对应。从图 4.16 可以看出 OESO 方法的功率损耗均低于其他 5 种优化方法，特别是在低功率情况下。图 4.16 中 OESO 方法和 DTPS 方法的损耗分析也与图 4.12～图 4.15 中的传输效率曲线相对应。基于此，OESO 方法能够实现更低的功率损耗，以提高 DAB DC-DC 变换器的传输效率。

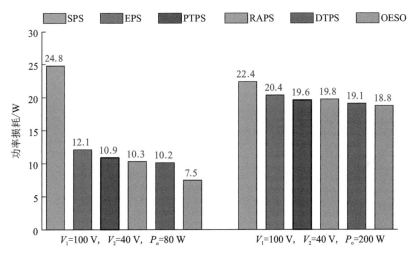

（a）当 $V_1 = 100$ V 时 P_o 在 80 W 和 200 W 条件下的功率损耗

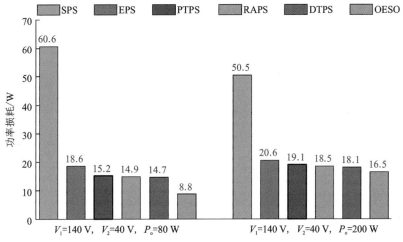

（b）当 $V_1 = 140$ V 时 P_o 在 80 W 和 200 W 条件下的功率损耗

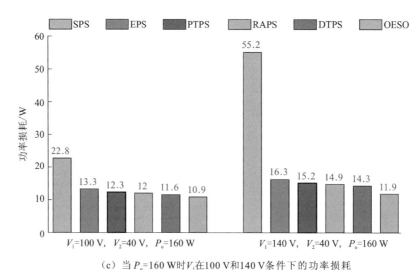

（c）当P_o=160 W时V_1在100 V和140 V条件下的功率损耗

图 4.16　$V_2 = 40$ V 时不同条件下的功率损耗分析柱状图

综上所述，OESO 方法可以在整个运行范围内极大地提升 DAB DC-DC 变换器的传输效率并具有良好的软开关性能。相比于现有的优化调制方法，OESO 方法通过在实际的电路平台中进行自动探索实验来求解优化调制策略，而无需任何电路模型，这为进一步提高 DAB DC-DC 变换器的传输效率提供了更大的潜力。整个在线效率优化过程结束以后，训练好的 DDPG 智能体可以存储在一个微处理器中。当微处理器检测到 DAB DC-DC 变换器的运行环境(V_1, V_2, P_o)时，经过训练的 DDPG 智能体类似于一个快速代理预测器，它能将输入参数(V_1, V_2, P_o)映射到相应的移相角(D_1, D_2, D_3)，为 DAB DC-DC 变换器提供实时在线的优化调制策略。与此同时，上述实验结果也与理论分析相吻合，验证了理论分析的正确性。

参 考 文 献

[1] Erickson R W, Maksimović D. Fundamentals of Power Electronics[M]. Boston: Springer, 2001.

[2] Tang Y H, Cao D, Xiao J, et al. AI-aided power electronic converters automatic online real-time efficiency optimization method[J/OL]. Fundamental Research. (2023-07-09)[2025-01-02]. https://doi.org/10.1016/j.fmre.2023.05.004.

[3] Zhao B, Assawaworrarit S, Santhanam P, et al. High-performance photonic transformers for DC voltage conversion[J]. Nature Communications, 2021, 12(1): 4684.

[4] Tang Y H, Hu W H, Cao D, et al. Artificial intelligence-aided minimum reactive power control for the DAB converter based on harmonic analysis method[J]. IEEE Transactions on Power Electronics, 2021, 36(9): 9704-9710.

[5] Tang Y H, Hu W H, Xiao J, et al. RL-ANN-based minimum-current-stress scheme for the dual-active-bridge converter with triple-phase-shift control[J]. IEEE Journal of Emerging and Selected Topics in Power Electronics, 2022, 10(1): 673-689.

第5章 基于启发式算法的模块化
多电平变换器调制优化技术

近年来，中国以风电、光伏发电为代表的分布式新能源快速发展，逐步进入大规模、高比例、市场化、高质量发展新阶段，是助力推进碳达峰、碳中和的重要途径之一。2022年5月14日国家发展和改革委员会、国家能源局《关于促进新时代新能源高质量发展的实施方案》明确提出分布式新能源发展不平衡不充分问题逐渐凸显，在电力电子领域突出表现为电力系统对大规模高比例新能源接网消纳的适应性不足[1]。如何妥善解决大规模风电、光伏、储能等分布式电源与以电动汽车、数据中心为代表的直流化负荷快速发展并大量接入电网带来的能源供应和消纳时空不匹配等问题，成为新型电力系统运行所面临的重大挑战[2]。新型数字化智能化电力电子变换设备作为推动新型电力系统建设的一块重要"拼图"，发挥着至关重要的作用。

模块化多电平变换器（modular multilevel converter，MMC）广泛应用于新能源发电、制氢、储能站等领域，具有可以连接多个分布式能源和储能的特点。它由多个子模块（submodule，SM）组成，这些子模块具有串联连接的相同结构[3]。它具有以下优点：①其可扩展性使其适用于任何电压电平；②其模块化设计使其易于维修；③容错率高；④高效率；⑤高质量输出波形[4]。此外，模块化多电平变换器使用多子模块级联的方式代替传统的两电平或三电平变换器拓扑结构，降低元器件电压应力，能够实现冗余控制，利于交直流混合配电和能量管理[5]。

5.1 模块化多电平变换器建模

5.1.1 拓扑结构与数学模型

图 5.1 为高性能模块化多电平变换器的电路结构图和等效电路图[6]。从图 5.1（a）中可以看出，高性能模块化多电平变换器主体为一个相单元，电路分为上下两个桥臂，每个桥臂含有 n 个子模块（SM），每个桥臂串联一个桥臂电感。其中，每个子模块选用半桥电路，由两个开关管 S_1、S_2 与一个电容器 U_c 构成，桥臂电感参数相同。工作时，上桥臂和下桥臂的投入子模块数之和保持为 n。

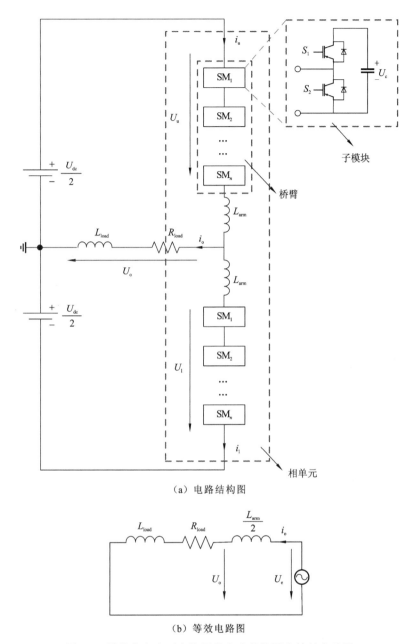

（a）电路结构图

（b）等效电路图

图 5.1　模块化多电平变换器的电路结构图和等效电路图

U_c 为子模块电容电压，L_{load} 为负载电感

图 5.1（a）中，U_{dc} 为直流母线电压，U_o 和 i_o 分别为 a 相的输出电压和输出电流，U_u、U_l 和 i_u、i_l 分别为 a 相上下桥臂的输出电压和电流，L_{arm} 为桥臂电感，R_{load} 为交流侧负载。

根据基尔霍夫电压定律（Kirchhoff's voltage law，KVL）和基尔霍夫电流定律（Kirchhoff's current law，KCL），模块化多电平变换器的数学模型可表示为

$$\begin{cases} U_{\mathrm{o}} = \dfrac{U_{\mathrm{dc}}}{2} - U_{\mathrm{u}} - L_{\mathrm{arm}}\dfrac{\mathrm{d}i_{\mathrm{u}}}{\mathrm{d}t} \\ U_{\mathrm{o}} = -\dfrac{U_{\mathrm{dc}}}{2} + U_{\mathrm{l}} + L_{\mathrm{arm}}\dfrac{\mathrm{d}i_{\mathrm{l}}}{\mathrm{d}t} \end{cases} \tag{5.1}$$

$$i_{\mathrm{o}} = i_{\mathrm{u}} - i_{\mathrm{l}} \tag{5.2}$$

由式（5.1）、式（5.2）可得到 MMC 输出电压为

$$U_{\mathrm{o}} = \frac{1}{2}(U_{\mathrm{l}} - U_{\mathrm{u}}) + \frac{L_{\mathrm{arm}}}{2}\frac{\mathrm{d}i_{\mathrm{o}}}{\mathrm{d}t} \tag{5.3}$$

根据式（5.3），可以得出 MMC 的等效电路如图 5.1（b）所示，U_{e} 为等效输出电压。

$$U_{\mathrm{e}} = \frac{1}{2}(U_{\mathrm{l}} - U_{\mathrm{u}}) \tag{5.4}$$

5.1.2　子模块电容电压均衡

MMC 子模块电压的平衡是保证 MMC 正常运行的前提条件，桥臂子模块电容电压的不均衡会导致各相桥臂总能量的不平衡和负序相间循环电流的产生。目前应用最广泛的电压均衡方法是一种排序选择的方法，其原理是根据当前时刻桥臂电流方向和调制算法得到的桥臂需要投入的子模块个数，选择需要投入的子模块。具体来说，当桥臂电流方向是正时，投入的子模块的电容器可以被充电，因此投入电容电压最小的几个子模块，反之，投入电容电压最大的几个子模块。总体来看，这样的操作可以使电容电压较低的子模块在桥臂电流为正期间，投入更长时间；使电容电压较高的子模块在桥臂电流为负期间，投入更长时间。基于排序选择的子模块电容电压均衡方法流程如图 5.2 所示。

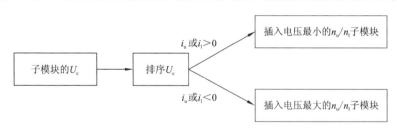

图 5.2　基于排序选择的子模块电容电压均衡方法流程图

基于排序选择的子模块电容电压均衡方法为了使子模块电容电压 U_{c} 保持一致，需要在短时间内进行子模块的轮换，这会造成子模块频繁的开关动作，使 MMC 的开关频率提高。为了降低 MMC 的开关频率，基于双保持因子的排序选择方法被提出[7]，其流程如图 5.3 所示。

该方法的原理是，对电容电压进行采样后，如果对应桥臂的电流方向为正，则对当前时刻已经处于接入状态的子模块电容电压乘一个略小于 1 的系数 H_{F1}，称之为保持因子。如果对应桥臂的电流方向为负，则对当前时刻已经处于接入状态的子模块电容电压乘一个略大于 1 的系数 H_{F2}。其中 H_{F1} 和 H_{F2} 的乘积为 1。这个方法的目的是使前一个回

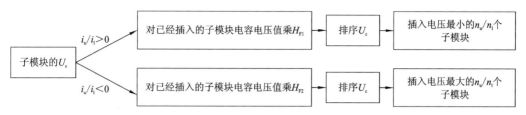

图 5.3　基于双保持因子的子模块电容电压均衡方法流程图

合已经投入运行的子模块在下一回合更有可能继续投入运行，从而使子模块保持原有状态而不发生切换。

图 5.4 展示了不同子模块电容电压在排序选择方法下和在基于双保持因子的排序选择方法（$H_{F1}=0.999$）下的波形图。图 5.5 是不同调制方法和不同参考电压时，MMC 在两种均压方法下的平均开关频率。从图 5.4（b）可以看出，基于双保持因子的均压方法使不同子模块之间出现非常轻微的不平衡，但是从图 5.5 可以看出基于双保持因子的均压方法使 MMC 的开关频率下降超过 50%。

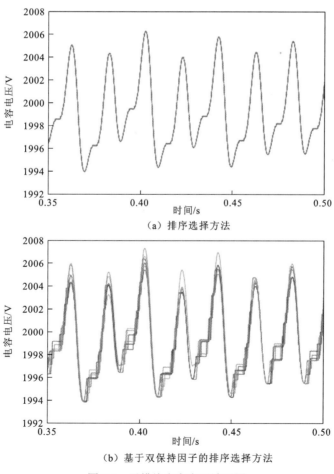

（a）排序选择方法

（b）基于双保持因子的排序选择方法

图 5.4　子模块电容电压波形图

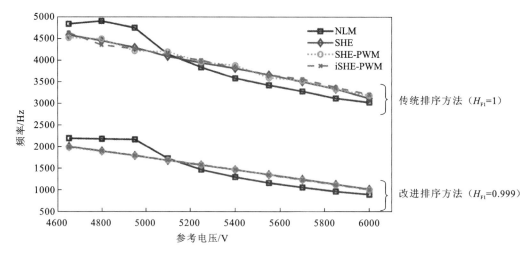

图 5.5 两种均压方法下 MMC 的平均开关频率

在实际应用中，可以根据对 MMC 开关频率和子模块电容电压波动率的具体要求，选择合适大小的保持因子以平衡二者的关系。

5.2 模块化多电平变换器调制

模块化多电平变换器的调制方法影响 MMC 的输出特性，也是变换器稳定运行的关键。MMC 的调制方法主要可以按照开关频率的大小分为两类，一类是基于阶梯波调制的低频调制方法，主要包含最近电平调制（nearest level modulation，NLM）[8]和选择谐波消除（selected harmonic elimination，SHE）调制两种方法；另一类是以脉冲宽度调制（pulse width modulation，PWM）为基础的高频调制方法，常用的方法有空间矢量 PWM（space vector pulse width modulation，SVPWM）[9]、载波层叠 SPWM（phase disposition sinusoidal pulse width modulation，PD-SPWM）[10]、载波移相 SPWM（carrier phase shifted sinusoidal pulse width modulation，CPS-SPWM）[11]。SVPWM 是以产生一个旋转的圆形磁场为控制目标，通过对多个电压空间矢量进行组合来间接地完成对输出波形的控制，但是随着输出电平数的增加，所需的电压空间矢量在数量上的立方次增长与期望输出电压矢量合成在难度上加剧。PD-SPWM 是使用一系列频率、相位、幅值均相同但直流偏置不同的三角载波与标准正弦调制波作比较，根据二者大小关系决定 MMC 子模块的接入或旁路，通常一个载波对应一个子模块。CPS-PWM 方法与之类似，其载波更换为一系列频率、幅值相同但相位不同的三角波。MMC 的高频调制方法控制较为复杂，开关频率较高，损耗较大；低频调制方法控制简单、具有较低的开关频率和低损耗。但是低频调制方法在子模块数量较少时，总谐波失真（total harmonic distortion，THD）比较大[12]，此外，SHE 调制的数学模型复杂，难以计算；NLM 调制的电压误差也较大。

除了上述两类调制方法，近年来相关研究人员提出了很多将二者结合的混合开关频率调制策略[13]。这些方法往往结合了二者的优势而不放大其劣势，或者用某些方法克服其劣势以达到提高 MMC 性能的效果。图 5.6 总结了 MMC 的不同调制策略。

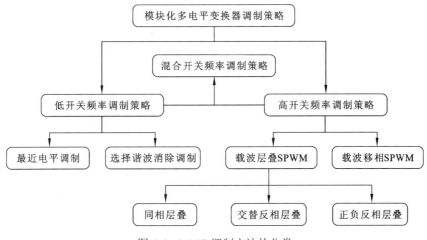

图 5.6　MMC 调制方法的分类

5.2.1　低频调制

低开关频率调制策略中，通过输出阶梯波来逼近正弦波的调制方式主要包括最近电平调制和选择性谐波消除调制。NLM 不考虑所有子模块开关状态，仅从临近矢量进行选择，计算复杂度低，图 5.7 所示为单桥臂 6 个子模块的 NLM 调制原理图。其中 U_u^{ref} 和 U_l^{ref} 分别为上下桥臂参考电压，其同频同幅反相，U_e 的参考值为

$$U_e^{ref} = M\frac{U_{dc}}{2}\cos(\omega t) = \frac{1}{2}(U_l^{ref} - U_u^{ref}) \tag{5.5}$$

式中，M 为调制比。当 MMC 正常运行时，桥臂电感的电压可以忽略不计。因此，上下桥臂电压之和即为直流电压 U_{dc}。

NLM 通过对桥臂电压信号与子模块电容电压的比值进行取整运算，当 MMC 运行时，任意时刻上下桥臂投入运行的子模块个数为

$$\begin{cases} n_u = \text{round}\left\{\dfrac{U_{dc}}{2U_c}[1 - M\cos(\omega t)]\right\} \\ n_l = \text{round}\left\{\dfrac{U_{dc}}{2U_c}[1 + M\cos(\omega t)]\right\} \end{cases} \tag{5.6}$$

式中，round$\{x\}$ 为取整函数；U_c 为子模块电容电压。

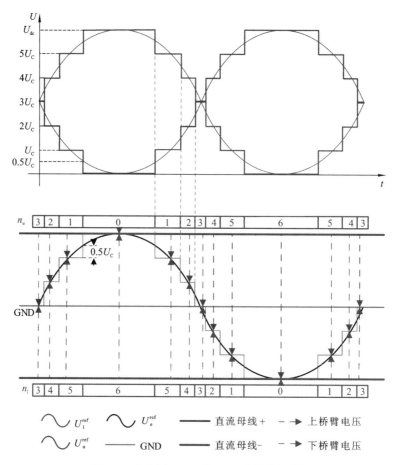

图 5.7　七电平 MMC 的 NLM 调制原理图

相较于 NLM，SHE 调制可通过控制 $n/2$ 个开关角的大小去消除等效输出电压 U_e 的部分谐波，理论上对谐波有更好的控制能力，具有最佳的谐波特性。电路中通常使用电感限制高次谐波电压的幅值，因此 SHE 调制一般选择消除低次谐波。但 SHE 调制也面临求解大规模非线性超越方程组获得最优开关角所带来的高计算复杂度的问题。

由于阶梯波的奇对称性和四分之一波对称性，图 5.7 所示阶梯波的傅里叶级数表达式为

$$U_e(\omega t) = \sum_{k=1,3,5,\cdots}^{\infty} b_k \sin(k\omega t) \tag{5.7}$$

式中 b_k 为

$$b_k = \frac{4U_{dc}}{k\pi}\left[\cos(k\theta_1) + \cos(k\theta_2) + \cdots + \cos\left(k\theta_{\frac{n}{2}}\right)\right] \tag{5.8}$$

b_k 也为 k 次谐波电压幅值。因此，k 次谐波电流的幅值为

$$i_k = \frac{b_k}{R_{\text{load}} + 2\pi f k\left(L_{\text{load}} + \dfrac{L_{\text{arm}}}{2}\right)} \tag{5.9}$$

根据上面的傅里叶变换可以得到谐波的表达式。对于 $n/2$ 个变量可以建立 $n/2$ 个方程的方程组，其中一个方程用于指定输出幅值，其余 $n/2\text{-}1$ 个方程用于消除谐波。由于对称性，不存在偶次谐波。因此，在理想情况下第（$n\text{-}1$）次谐波可由 $n/2\text{-}1$ 个方程消除：

$$\begin{cases} \dfrac{4U_c}{\pi}\left(\cos(\theta_1) + \cos(\theta_2) + \cdots + \cos\left(\theta_{\frac{n}{2}}\right)\right) = M\dfrac{U_{\text{dc}}}{2} \\[2mm] \cos(3\theta_1) + \cos(3\theta_2) + \cdots + \cos\left(3\theta_{\frac{n}{2}}\right) = 0 \\[2mm] \cos(5\theta_1) + \cos(5\theta_2) + \cdots + \cos\left(5\theta_{\frac{n}{2}}\right) = 0 \\[2mm] \cdots \\[2mm] \cos((n-1)\theta_1) + \cos((n-1)\theta_2) + \cdots + \cos\left((n-1)\theta_{\frac{n}{2}}\right) = 0 \end{cases} \tag{5.10}$$

其中，$\theta_1, \theta_2, \cdots \theta_{\frac{n}{2}}$ 满足条件 $0 \leqslant \theta_1 \leqslant \theta_2 \leqslant \cdots \leqslant \theta_{\frac{n}{2}} \leqslant \dfrac{\pi}{2}$。

5.2.2　高频调制

MMC 最常用的高频调制策略是载波移相调制，其原理如图 5.8 所示，每个桥臂的 N 个子模块分别对应一个三角载波信号，且三角载波信号依次相隔 $2\pi/N$ 的角度。

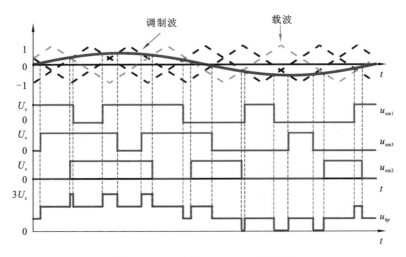

图 5.8　MMC 的 PSC-PWM 示意图

载波移相调制上下桥臂的参考信号分别定义为 u_{u_ref} 和 u_{l_ref}，以上桥臂为例，其参考信号表达式为

$$u_{u\_ref} = \frac{U_c}{2}(1 + M\cos(\omega_o t + \varphi + \pi)) \tag{5.11}$$

式中，M 为调制比；ω_o 为输出电压波形的角频率；φ 为初始相角；U_c 为三角载波幅值。则上桥臂第 i 个子模块的输出电压的傅里叶表达式为

$$
\begin{aligned}
u_u(i) = & \frac{U_{dc}}{2N} - \frac{MU_{dc}}{2N}\cos(\omega_o t + \varphi) + \sum_{m=1}^{\infty}\sum_{n=-\infty}^{\infty}\frac{2U_{dc}}{m\pi N}\sin\left(\frac{(m+n)\pi}{2}\right) \\
& \times J_n\left(\frac{Mm\pi}{2}\right)\cos\left(m\left(\omega_c t + \theta + (i-1)\frac{2\pi}{N}\right) + n(\omega_o t + \varphi + \pi)\right)
\end{aligned}
\tag{5.12}
$$

式中，ω_c 为三角载波角频率；m 为载波次谐波（$m = 1, 2, \cdots, \infty$）；n 为参考信号次谐波（$n = -\infty, \cdots -1, 0, 1, \cdots, \infty$）；$J_n(x)$ 代表以 x 为变量的 n 次贝塞尔函数。将上桥臂各子模块输出电压相加，可以得到上桥臂的输出电压：

$$
\begin{aligned}
u_{uj} = \sum_{i=1}^{N}u_{uj}(i) = & \frac{U_{dc}}{2} - \frac{MU_{dc}}{2}\cos(\omega_o t + \varphi_j) + \sum_{m=1}^{\infty}\sum_{n=-\infty}^{\infty}\frac{2U_{dc}}{m\pi N}\sin\left(\frac{(Nm+n)\pi}{2}\right) \\
& \times J_n\left(\frac{MNm\pi}{2}\right)\cos(Nm(\omega_c t + \theta) + n(\omega_0 t + \varphi_j + \pi))
\end{aligned}
\tag{5.13}
$$

使用类似的方法，可以得到下桥臂的输出电压和 MMC 输出电压的表达式[14]。

5.3 基于 PSO 算法的 MMC 选择谐波消除调制

本节提出一种 PSO 算法辅助的改进 SHE-PWM（PSO-improved selected harmonic elimination-PWM，PSO-iSHE-PWM）调制方法，用于求解 MMC 的开关角[15]。该方法克服了阶梯调制的高输出电流总谐波失真（THD）、高输出电压误差及非线性超越方程求解困难等问题。将该方法应用于一个 7 电平 MMC 的 MATLAB/Simulink 仿真模型，并对得到的结果进行分析。与 NLM 方法、SHE 方法和 SHE-PWM 方法相比，该方法的输出电流 THD 平均降低了 41.3%、55.9% 和 7.9%。此外，将输出电压作为目标函数的一项，使最终输出电压误差几乎为零，解决了传统 NLM 方法中输出电压误差较大的问题。与 NLM 和 SHE 相比，本节提出的 PSO-iSHE-PWM 方法能有效降低 MMC 的总谐波失真和电压误差。

5.3.1 iSHE-PWM 调制方法及其数学模型

SHE-PWM 结合了选择性谐波消除技术和脉宽调制技术。如图 5.9 所示，与传统的 SHE 调制不同，SHE-PWM 开关角数不受子模块数量的限制。此外，在开关角度上，电平既可以增加，也可以减少。在 SHE-PWM 方法中式（5.10）等号的左侧用式（5.14）代替。

$$b_k = \frac{4U_{dc}}{k\pi}(\cos(k\theta_1) \pm \cos(k\theta_2) \pm \cdots \pm \cos(k\theta_r)) \tag{5.14}$$

式中，r 为切换角的个数；$\theta_1, \theta_2, \cdots \theta_r$ 满足 $0 \leqslant \theta_1 \leqslant \theta_2 \leqslant \cdots \leqslant \theta_r \leqslant \dfrac{\pi}{2}$。当 θ 为上升沿时，取正号；当 θ 为下降沿时，取负号，有三角变换：

$$\begin{aligned} &-\cos((2k+1)\theta) \\ &= -\cos(-(2k+1)\theta) \\ &= \cos((2k+1)\pi - (2k+1)\theta) \\ &= \cos((2k+1)(\pi - \theta)) \end{aligned} \tag{5.15}$$

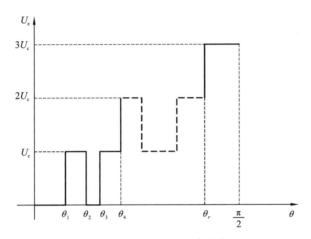

图 5.9　SHE-PWM 原理图

通过式（5.15）的三角变换，可以明显看出，开关角为 θ 的正阶跃在数学上等价于开关角为 $(\pi-\theta)$ 的负阶跃（实际上不存在大于 $\pi/2$ 的开关角）。因此，式（5.14）可以简化为

$$b_k = \frac{4U_{dc}}{k\pi}(\cos(k\theta_1) + \cos(k\theta_2) + \cdots + \cos(k\theta_r)) \tag{5.16}$$

其中，$\theta_1, \theta_2, \cdots \theta_r$ 满足 $0 \leqslant \theta_1 \leqslant \theta_2 \leqslant \cdots \leqslant \theta_r \leqslant \pi$。

三角变换式（5.15）使不连续方程（5.14）变得连续，便于在后续算法中使用。如果式（5.16）的解 $\theta = \alpha$ 超过 $\pi/2$，它实际上代表了切换角 $\theta = \pi - \alpha (< \pi/2)$ 的负阶跃。

然而，仿真结果表明，SHE 和 SHE-PWM 方法的高阶谐波幅值较大。针对这一局限性，本小节提出 iSHE-PWM 方法。MMC 调制方法的主要目的是降低总谐波失真，而 SHE-PWM 方法的目的是消除有限的谐波，这就为进一步优化留下了空间。iSHE-PWM 方法的目标不是求解类似于式（5.10）的方程组，而是最小化联合函数（5.17），该函数同时考虑了 THD 和输出电压误差。通过调整式（5.17）中的 α 值，可进一步降低 MMC 的总谐波失真，同时将输出电压幅值保持在参考值附近。

$$F(\theta_1, \theta_2, \cdots, \theta_r) = e_v + \alpha \cdot \text{THD} = \left| \sum_{i=1}^{r} \cos(\theta_i) - \frac{\pi \cdot M \cdot U_{dc}}{8U_c} \right| + \alpha \cdot \text{THD} \tag{5.17}$$

式中，α 为比例系数；e_v 为电压误差。

5.3.2　基于 PSO 算法的最优开关角求解

NLM 和 SHE 调制都具有易于控制、开关频率低和损耗小的优点。但如果电平数较少，这两种算法的性能就较差。此外，SHE 和 iSHE-PWM 调制的主要挑战在于求解方程以获得开关角。

针对传统调制方法的局限性，本小节提出一种利用 PSO 算法计算 iSHE-PWM 开关角的新方法。PSO 是由 Eberhart 和 Kennedy 开发的一种群集智能算法。该算法使用数学方法模拟鸟类群体的捕食行为。PSO 算法解决 iSHE-PWM 开关角的具体步骤如下。

（1）指定算法参数：维度、粒子数、最大迭代次数等。

（2）在可能的解空间中初始化粒子，随机给定初始位置和初始速度。

（3）使用预定义的拟合度函数计算当前拟合度值。

（4）记录个体最佳适配度和群体最佳适配度。

（5）更新粒子速度和位置。

（6）判断是否满足终止条件，如果满足，则达到最佳位置，否则返回步骤（3）。

PSO 算法与 iSHE-PWM 相结合，计算 MMC 开关角度，以降低输出电流 THD。图 5.10 展示了使用 PSO 计算开关角的过程。该算法可计算出各种参考电压 U_e^{ref} 下的最佳开关角。

PSO 算法的目标是在保持输出电压等于目标值的同时，将谐波幅值降至最低。因此，求解式（5.14）所示方程组的难题被转换为最小化拟合函数的问题。拟合函数的值随着误差的减小而减小。在该算法中，适应度函数的定义如式（5.17）所示。

如图 5.10 所示，第一步（Step1）定义了适应度函数式（5.17）。算法的维数为 r，即开关角的个数，$i_{\max}$ 代表需要计算的参考电压的个数，变量为 $\theta_1, \theta_2, \cdots, \theta_r$。将变量归一化为[0,1]。第二步（Step2），P 为粒子数，ω 为惯性权重，c_1 和 c_2 分别为自学习因子和群学习因子。由于切换角处于前四分之一周期，各变量的位置限制为$[0, p_{\lim}]$，速度限制为$[-v_{\lim}, v_{\lim}]$。粒子位置的初始值 θ 和速度的初始值 v 在限定范围内随机选择。算法最多可迭代 $\mathrm{Iter}_{\max}$ 次。$\mathrm{Par}_{\mathrm{best}}$ 表示单个粒子走过的所有位置中适应度最小的点，即个体最优位置。$\mathrm{Gro}_{\mathrm{best}}$ 表示所有粒子走过的位置中适应度最小的点，即群体最优位置。$\mathrm{Par}_{\mathrm{best}}$、$\mathrm{Gro}_{\mathrm{best}}$、$v$ 都是 r 维向量。粒子的速度更新公式和位置更新公式如式（5.18）和式（5.19）所示。

$$
\begin{aligned}
v^{(\mathrm{Iter}+1)} &= (v_1^{(\mathrm{Iter}+1)}, v_2^{(\mathrm{Iter}+1)}, \cdots v_r^{(\mathrm{Iter}+1)}) \\
&= \omega \cdot v^{(\mathrm{Iter})} + c_1 \cdot r_1 \cdot (\mathrm{Par}_{\mathrm{best}} - \theta^{(\mathrm{Iter})}) + c_2 \cdot r_2 \cdot (\mathrm{Gro}_{\mathrm{best}} - \theta^{(\mathrm{Iter})})
\end{aligned}
\tag{5.18}
$$

$$
\theta^{(\mathrm{Iter}+1)} = \theta^{(\mathrm{Iter})} + v^{(\mathrm{Iter}+1)}
\tag{5.19}
$$

当粒子的速度或位置超过边界时，需要直接设置为边界值。当迭代次数达到指定值时，就会获得最佳结果。最后，与每个参考电压相对应的最佳开关角幅度会被存储在一个查找表中。在实际应用中，会选择与所有训练电压值中最接近参考电压值的开关角作为实际控制策略。

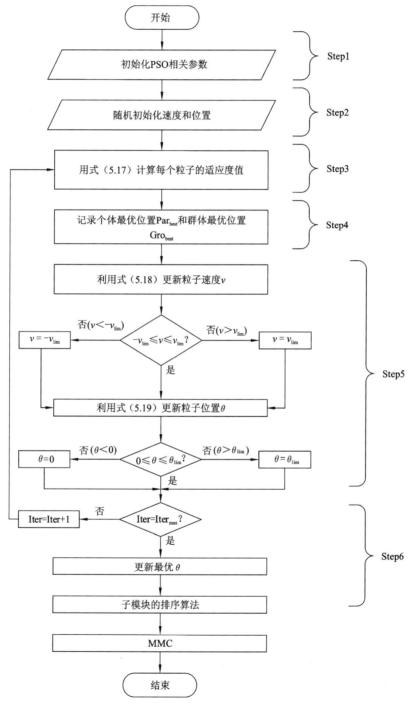

图 5.10　用于 MMC 的 PSO-iSHE-PWM 流程图

表 5.1 列出了 MMC 算法的相关参数值，表 5.2 列出了 PSO 算法的相关参数值。根据表 5.2 中的参数，PSO 算法在 MATLAB 上运行一次的时间为 10 s。本小节中，i_{max} 为 100。PSO 算法运行 100 次后，结果将保存在查找表中。当变量较多时，也可以使用这种方法。图 5.11 显示了求解结果。

表 5.1　MMC 相关参数

参数	数值
直流母线电压 U_{dc}/kV	12
调制系数 M	$0.76 \sim 1.00$
子模块数 n	6
子模块电容容值 C/μF	1000
子模块电容电压 U_c/V	2000
负载电阻 R_{load}/Ω	114
负载电感 L_{load}/mH	119
功率因数 $\cos\varphi$	0.95
桥臂电感 L_{arm}/mH	10
工频 f/Hz	50
开关角个数 r	5

表 5.2　PSO 相关参数

参数	数值
惯性系数 ω	0.8
自我学习因子 c_1	0.5
全局学习因子 c_2	0.5
比例系数 α	50
维度 r	5
参考电压数 i_{max}	100
最大迭代次数 Iter_{max}	1000
粒子数 P	10000
位置限制 p_{lim}	2
速度限制 v_{lim}	0.01

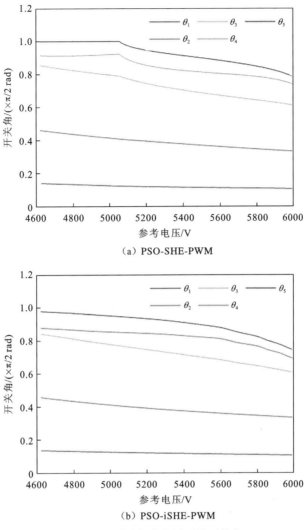

图 5.11　不同参考电压下的开关角

5.3.3　仿真结果

为了验证所提出的方法，本小节构建一个 MATLAB/Simulink MMC 模型，每个桥臂包含 6 个子模块。相关参数如表 5.1 所示。

图 5.11 显示了参考电压在 4600～6000 V 变化时 PSO 算法得到的开关角。当参考电压较小时，PSO-SHE-PWM 方法的 θ_5 为 1，即只使用 4 个变量来降低谐波。PSO-SHE-PWM 方法的相应总谐波失真较高。此外，两种方法的所有开关角都会随着参考电压的增加而减小。

图 5.12 比较了传统 NLM 方法、PSO-SHE 方法、PSO-SHE-PWM 方法和 PSO-iSHE-PWM 方法在相同条件下的谐波和输出电流波形。PSO-SHE-PWM 方法和 PSO-iSHE-

PWM 方法的第 4 个开关角为负阶跃。如图 5.12 所示，对获得的输出电流波形进行傅里叶变换，以获得各次谐波电流的幅值。传统 NLM 方法的结果是总谐波失真为 6.47%。如图 5.12（a2）所示，输出电流波形中的第 3 次和第 5 次谐波幅值最大，均超过 1 A。此外，从图 5.12（b2）中可以看出，在 PSO-SHE 方法下，电流的第 3 次和第 5 次谐波几乎被消除，但第 7 次和第 9 次谐波的幅值在 1 A 左右，第 11 次和第 15 次谐波的幅值也稍大。NLM 方法的总谐波失真高于 PSO-SHE 调制方法的 4.68%。如图 5.12（c2）所示，在 PSO-SHE-PWM 方法下，前 11 次谐波的幅值很小，但第 13 次谐波的幅值超过 1 A，其总谐波失真为 3.63%，小于 NLM 和 PSO-SHE。从图 5.12（d1）和图 5.12（d2）可以看出，PSO-iSHE-PWM 方法的输出波形具有所有的小谐波。它的总谐波失真为 3.12%，是所有方法中最小的。

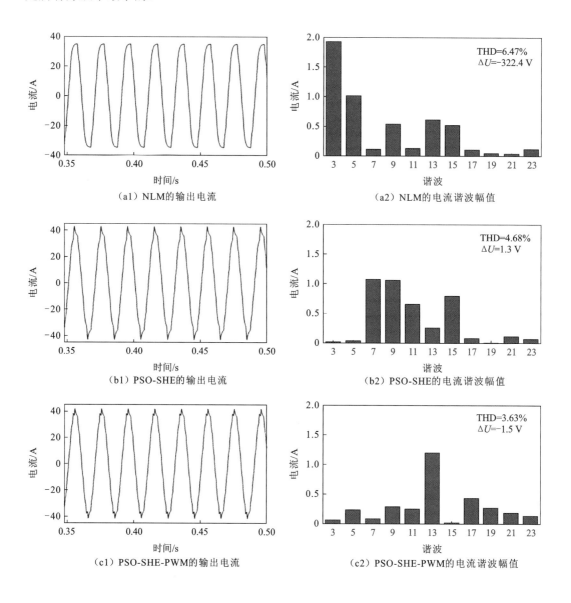

（a1）NLM的输出电流　　　　　　　　　　（a2）NLM的电流谐波幅值

（b1）PSO-SHE的输出电流　　　　　　　　（b2）PSO-SHE的电流谐波幅值

（c1）PSO-SHE-PWM的输出电流　　　　　　（c2）PSO-SHE-PWM的电流谐波幅值

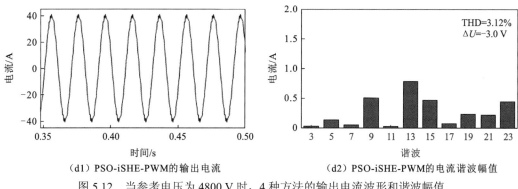

（d1）PSO-iSHE-PWM 的输出电流　　　　　　（d2）PSO-iSHE-PWM 的电流谐波幅值

图 5.12　当参考电压为 4800 V 时，4 种方法的输出电流波形和谐波幅值

图 5.13 显示了当参考电压在 4600～6000 V 变化时，在 4 种方法控制下的 MMC 输出电流总谐波失真。如图 5.13 所示，在较低的参考电压下，NLM 方法的总谐波失真高于 PSO-SHE 调制方法，而在较高的参考电压下则相反。PSO 算法辅助的 SHE-PWM（PSO-SHE-PWM）方法的总谐波失真低于前两种方法。但当图 5.11（a）中 θ_5 为 1 时，PSO-SHE-PWM 方法的总谐波失真高于其他情况。在整个电压范围内，PSO-iSHE-PWM 方法的总谐波失真略小于 PSO-SHE-PWM 方法。当 PSO-SHE-PWM 的 θ_5 为 1 时，PSO-iSHE-PWM 方法的优化效果更为明显。此外，PSO-iSHE-PWM 方法的总谐波失真（THD）大大低于 NLM 方法和 PSO-SHE 方法，这表明 PSO-iSHE-PWM 方法在波形质量方面表现出色。

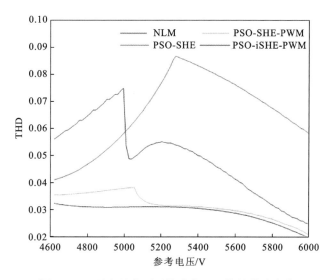

图 5.13　4 种方法在不同基准电压下的总谐波失真

图 5.14 显示了 4 种方法在不同参考电压下的谐波情况。当参考电压在 5000～5300 V 时，虽然 PSO-SHE 方法几乎消除了 3 次和 5 次谐波，但导致 7 次和 9 次谐波急剧增加。

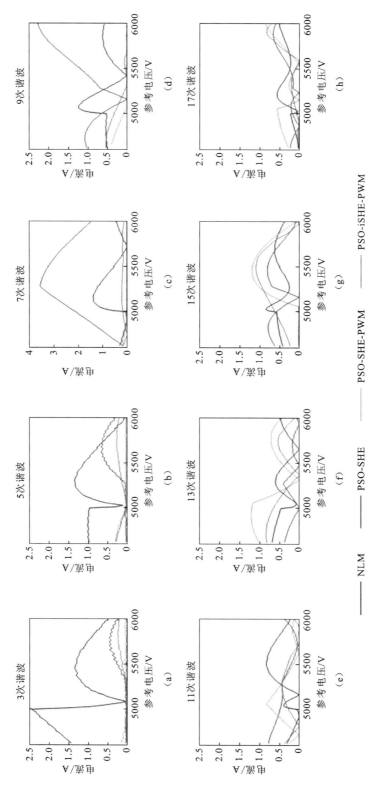

图 5.14　用4种方法计算不同参考电压下的谐波

因此，PSO-SHE 调制的总谐波失真比 NLM 方法要大。虽然 SHE 调制可以消除一定数量的谐波，但也可能导致其他谐波的幅值大大增加。因此，只消除少量谐波可能会导致总谐波失真增加。PSO-SHE-PWM 方法与此类似，虽然前 9 次谐波得到了很好的抑制，但低电压下的第 13 次谐波和高电压下的第 15 次谐波超过了 1 A。在测试电压范围内，PSO-iSHE-PWM 方法的各次谐波幅值较小，因此其总谐波失真在 4 种方法中最小。

图 5.15 显示了参考电压为 5250 V 时，不同调制方法产生的输出电压 U_o 波形、基准电压 U_{ref} 波形和基波输出电压 U_{fund} 波形。其他 3 种方法的基准电压波形和实际输出电压基波波形基本相同，3 种方法的差值分别为 -3.66 V、-2.14 V 和 -2.36 V。

图 5.16 显示了 4 种方法在不同参考电压下的输出电压误差。由于传统的 NLM 方法不考虑输出电压误差，在大多数情况下，NLM 方法的电压误差较大。基于 PSO 算法的 3 种方法将电压误差作为目标函数的一项，且该项系数较大，因此输出电压误差较小，均在 15 V 以内。

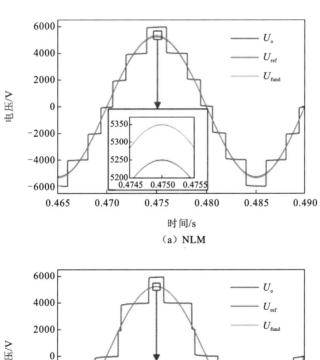

（a）NLM

（b）PSO-SHE

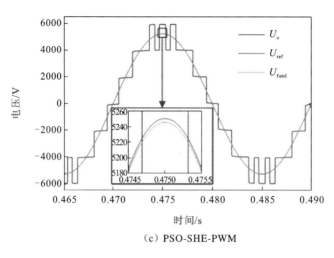

（c）PSO-SHE-PWM

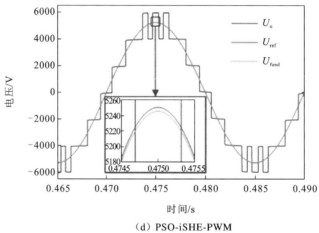

（d）PSO-iSHE-PWM

图 5.15　不同调制方法下的电压波形

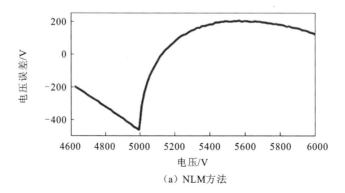

（a）NLM方法

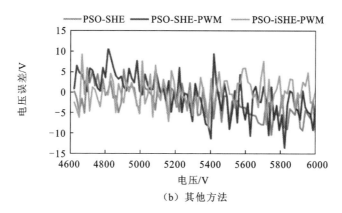

（b）其他方法

图 5.16　4 种方法在不同参考电压下的电压误差

表 5.3 总结了 4 种调制方法在电压误差和总谐波失真方面的性能。PSO-iSHE-PWM 方法在这两方面都表现出色。

表 5.3　4 种调制方法的性能

方法	THD（低电压）	THD（高电压）	电压误差
NLM	高	中	高
PSO-SHE	中	高	低
PSO-SHE-PWM	中	低	低
PSO-iSHE-PWM	低	低	低

参 考 文 献

[1] 国务院办公厅转发国家发展改革委国家能源局关于促进新时代新能源高质量发展实施方案的通知 国办函〔2022〕39号[A]. 中华人民共和国国务院公报, 2022(17): 24-27.

[2] 国家能源局. 关于加快推进能源数字化智能化发展的若干意见[A/OL]. (2023-03-28)[2025-01-02]. https://www.gov.cn/zhengce/zhengceku/2023-04-02/content_5749758.htm.

[3] Kurtoğlu M, Eroğlu F, Arslan A O, et al. Recent contributions and future prospects of the modular multilevel converters: A comprehensive review[J]. International Transactions on Electrical Energy Systems, 2019, 29(3): e2763.

[4] Zhang L, Zou Y T, Yu J C, et al. Modeling, control, and protection of modular multilevel converter-based multi-terminal HVDC systems: A review[J]. CSEE Journal of Power and Energy Systems, 2017, 3(4): 340-352.

[5] Alyami H, Mohamed Y. Review and development of MMC employed in VSC-HVDC systems[C]//2017 IEEE 30th Canadian Conference on Electrical and Computer Engineering (CCECE). April 30-May 3, 2017, Windsor, ON, Canada. IEEE, 2017: 1-6.

[6] Marquardt R. Stromrichterschaltungen mit verteilten energiespeichern[P]. German Patent DE10103031A1, 2001, 24: 40.

[7] 陆翌, 王朝亮, 彭茂兰, 等. 一种模块化多电平换流器的子模块优化均压方法[J]. 电力系统自动化, 2014, 38(3): 52-58.

[8] Si G Q, Zhu J W, Lei Y H, et al. An enhanced level-increased nearest level modulation for modular multilevel converter[J]. International Transactions on Electrical Energy Systems, 2019, 29(1): e2669.

[9] Dekka A, Wu B, Zargari N R, et al. A space-vector PWM-based voltage-balancing approach with reduced current sensors for modular multilevel converter[J]. IEEE Transactions on Industrial Electronics, 2016, 63(5): 2734-2745.

[10] Lim Z, Maswood A I, Ooi G H P. Modular-cell inverter employing reduced flying capacitors with hybrid phase-shifted carrier phase-disposition PWM[J]. IEEE Transactions on Industrial Electronics, 2015, 62(7): 4086-4095.

[11] Wang J X, Li H, Yang Z C, et al. Common-mode voltage reduction of modular multilevel converter based on chaotic carrier phase shifted sinusoidal pulse width modulation[C]//2020 IEEE International Symposium on Electromagnetic Compatibility & Signal/Power Integrity (EMCSI). July 28-August 28, 2020. Reno, NV, USA. IEEE, 2020: 626-631.

[12] Wang Y, Hu C, Ding R Y, et al. A nearest level PWM method for the MMC in DC distribution grids[J].

IEEE Transactions on Power Electronics, 2018, 33(11): 9209-9218.

[13] 陈静, 赵涛, 徐友, 等. 一种量化误差可控的少子模块 MMC 混合调制策略[J]. 电力科学与技术学报, 2023, 38(3): 105-113.

[14] 李彬彬. 模块化多电平换流器及其控制技术研究[D]. 哈尔滨: 哈尔滨工业大学, 2017.

[15] Qin X X, Hu W H, Tang Y H, et al. An improved modulation method for modular multilevel converters based on particle swarm optimization[J]. International Journal of Electrical Power & Energy Systems, 2023, 151: 109136.

第 6 章　基于深度强化学习的模块化
多电平变换器调制优化技术

面对模型复杂和变化的高维度优化求解系统，新一代人工智能技术，特别是深度强化学习（DRL）算法[1]，能够在连续动作空间中学习最优策略，并适应环境变化，具有高效率、高鲁棒性、高适应性等特点，非常适合解决高维度复杂系统的快速优化求解问题[2]。目前，该方法已在电气工程的众多领域（如电力系统领域[3-5]、电力市场[6,7]）展现了优越的寻优和决策性能。当前深度强化学习方法在电力电子优化领域还鲜有运用，因此非常值得探索。对于模块化多电平变换器这类参数复杂的电力电子变换器，特别是对在线学习和增强学习这样的实时应用来说，深度强化学习具有明显的优势。因此，深度融合并改进深度强化学习算法，不仅能够突破模块化多电平变换器的性能瓶颈，还对探索其在电力电子优化领域的应用具有重要的理论意义和实用价值。

本章介绍一种利用 DDPG 算法计算电平增加型 MMC 最佳开关角的解决方法。电平增加策略增加了 MMC 中电压电平和可控变量的数量，以降低输出波形的总谐波失真。DDPG 算法克服了基于 SHE 的调制方法中开关角计算困难的问题，而且只占用少量控制器计算资源。此外，DDPG 算法还考虑了高阶谐波成分，从而进一步降低了输出总谐波失真。本章将通过模拟和实验验证其有效性。通过对波形进行实验分析，与传统的 SHE 方法相比，该方法的输出电压 THD 降低了 55.4%，与 NLM 方法相比，该方法输出电压 THD 降低了 36.7%。此外，这种方法使用的 SM 更少。

6.1　MMC 等效电平提升及其均压算法

6.1.1　基于选择谐波消除调制的 MMC 等效电平提升

如图 6.1 和图 5.7 所示，在传统的调制方法中，MMC 的每个 SM 都具有相同的电容电压，从而使每个桥臂具有 N 个 SM 的 MMC 能够产生 $N+1$ 个电压电平。Si 等[8]提出了一种通过组合不同电压的 SM 来增加输出电平数量的方法。这种方法可以理解为将两个不同电压的 MMC 组合在一起，使由 $n+2m$ 个 SM 组成的 MMC 产生 $n×m+1$ 个电平。下面所提出的电平增加方法可使只有 $n+m$ 个 SM 的 MMC 产生 $n×m+1$ 个电平。

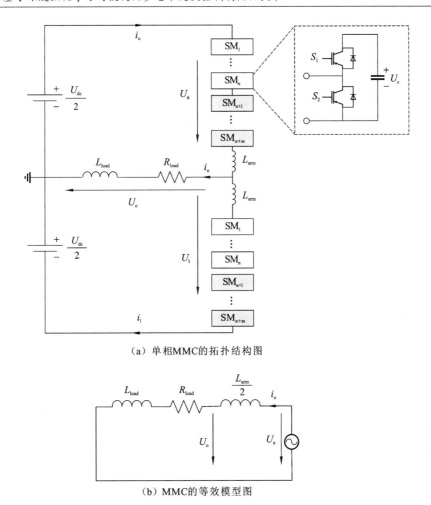

（a）单相MMC的拓扑结构图

（b）MMC的等效模型图

图 6.1　MMC 系统

所提出的方法将桥臂前 n 个 SM 的电容电压控制为 U_c，这 n 个 SM 被称为全电压子模块（full voltage submodule，FVSM）。桥臂最后 m 个 SM 的电容电压为 $\frac{1}{m}U_c$，这 m 个 SM 称为附加子模块（additional submodule，ADSM）。

通过插入适当数量的 FVSM 和 ADSM，每个桥臂具有 $n+m$ 个 SM 的 MMC 可以输出 $n \times m+1$ 个电平，其中每个电平的电压为 $\frac{1}{m}U_c$。图 6.2 展示了采用这种方法的下桥臂电压图（以 $n=4$，$m=3$ 为例）。当下桥臂的输出为 $\frac{h}{m}U_c$，其中 h 为输出电平的高度时，插入的 FVSM 数量 n_1 和 ADSM 的数量 m_1 分别为

$$n_1 = \text{floor}\left(\frac{h}{m}\right) \tag{6.1}$$

$$m_1 = \text{rem}(h,m) \tag{6.2}$$

式中，floor(x)为 x 向负无穷取整；rem(x_1, x_2)为 x_1 除以 x_2 的余数。

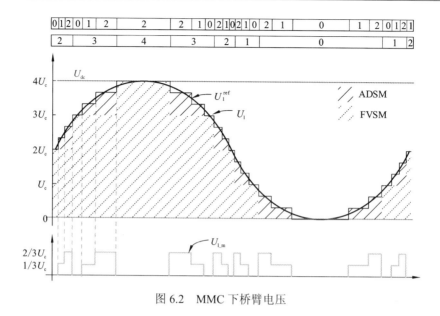

图 6.2 MMC 下桥臂电压

为了确保 SM 电压之和与直流电压 U_{dc} 相同，插入上桥臂的 HVSM 数量 n_u 和 ADSM 数量 n_u 分别为

$$n_u = \text{floor}\left(n - \frac{h}{m}\right) \tag{6.3}$$

$$m_u = \text{rem}\,(m \times n - h, m) \tag{6.4}$$

6.1.2 改进的 MMC 均压算法

SM 电压的平衡对确保 MMC 的正常运行至关重要。SM 桥臂电容器电压的不平衡将导致各相桥臂总能量的不平衡和大环流的存在。传统的电压平衡方法采用排序法。其原理是在电流方向为正时，将电压最低的 SM 插入主电路，否则将电容器电压最高的 SM 插入主电路。传统电压平衡法的原理如图 6.3（a）所示。

然而，在提出的方法中，不同 SM 的电容器电压并不完全相同，因此需要改进原有的电压平衡策略。本章引入一种新方法，即分组电压平衡策略。如图 6.3（b）所示，当 m_u 或 m_l 不为 0 时，FVSM 和 ADSM 是两个独立的组，每个组的电压仍按照传统的电压平衡策略进行平衡。当 m_u 或 m_l 为 0 时，即电压电平为 3 的倍数时，m 个 ADSM 的电容器电压相加作为一个虚拟 FVSM（称为第 $(n+1)$ 个 FVSM）。然后根据传统的电压平衡策略对第 $(n+1)$ 个 FVSM 进行电压平衡。如果电压平衡策略允许插入或旁路第 $(n+1)$ 个 FVSM，则同时插入或旁路最后 m 个 ADSM。这种分组电压平衡策略不仅确保了组内电容器电压的平衡，还使组间电容器电压达到了相对等效的平衡。这一条件由式（6.5）～式（6.7）表示。

$$U_{ci} = U_{cj}, \quad i, j = 1, 2, \cdots, n \tag{6.5}$$

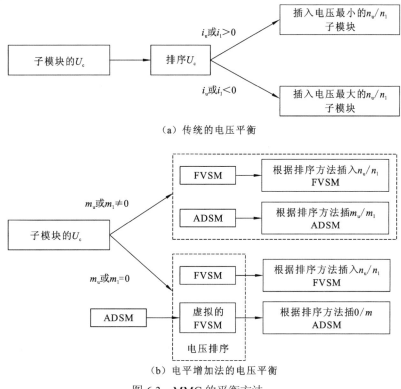

（a）传统的电压平衡

（b）电平增加法的电压平衡

图 6.3　MMC 的平衡方法

$$U_{ci} = U_{cj} \qquad i, j = n+1, n+2, \cdots, n+m \tag{6.6}$$

$$U_{ci} = \sum_{j=n+1}^{n+m} U_{cj}, \qquad i = 1, 2, \cdots, n \tag{6.7}$$

式中，U_{ci} 为第 i 个子模块的电容器电压。

为了降低开关频率，电压平衡算法仅在电压水平发生变化时运行。

6.2　基于 DDPG 算法的 MMC 最优开关角求解

6.2.1　DDPG 算法求解开关角原理

NLM 方法的电压误差较大，而 SHE 调制的主要挑战在于如何获得非线性超越方程的解。目前，牛顿-拉夫逊法被广泛用作求解非线性方程的主要方法[9]。为了克服传统方法的缺点，本小节介绍一种 DDPG 算法，用于降低 MMC 输出波形的总谐波失真。

DDPG 算法是一种先进的深度强化学习算法，非常适合解决连续动作空间中复杂的多维优化问题。本小节基于 DDPG 算法求解 MMC 的最优调制策略。图 6.4 是 DDPG 算法应用于 MMC 的流程图。在 DDPG 算法中，确定性策略 $a = \mu(s|\theta^\mu)$ 由参数为 θ^μ 的策略

网络近似。策略网络将当前状态 s 作为输入，并生成一个确定性行动 a 作为输出。行动值函数 $Q(s,a|\theta^Q)$ 由参数为 θ^Q 的值网络表示，用于求解贝尔曼方程（6.8）。代理根据行为策略生成的行为策略和状态分布函数分别用 β 和 ρ^β 表示。在 actor-critic 算法框架中，actor 对应于策略网络，负责更新策略。另外，critic 对应于价值网络，它近似于当前 state-action 的评估值，并提供梯度信息。

$$Q^\mu(s_t, a_t) = \mathbb{E}[r(s_t, a_t) + \gamma Q^\mu(s_{t+1}, \mu(s_{t+1}))] \tag{6.8}$$

式中，γ 为折扣因子，表示对后续状态的影响程度。式（6.9）表示 DDPG 的目标函数，即奖励的期望值。

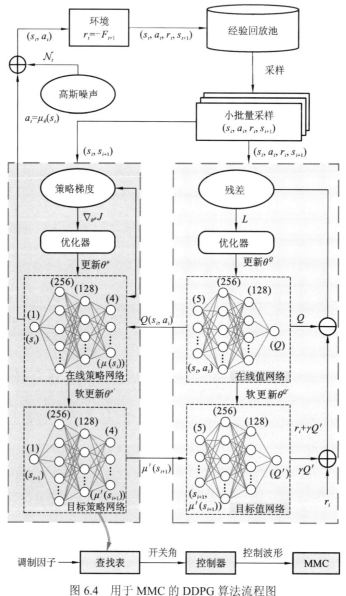

图 6.4   用于 MMC 的 DDPG 算法流程图

$$J_\beta(\mu) = \mathbb{E}_\mu(r_1 + \gamma r_2 + \gamma^2 r_3 + \cdots + \gamma^n r_{n+1}) \tag{6.9}$$

为了找到最优的确定性策略 μ^*，策略网络的优化目标是找出能使目标函数 $J_\beta(\mu)$ 最大化的策略。

$$\mu^* = \underset{\mu}{\arg\max}\ J(\mu) \tag{6.10}$$

根据链式法则求出式（6.9）的导数，并通过式（6.11）求出 actor 网络的更新模式。

$$\begin{aligned}
\nabla_{\theta^\mu} J &\approx \mathbb{E}_{s \sim \rho^\beta}[\nabla_{\theta^\mu} Q_\mu(s_t, \mu(s_t))] \\
&= \mathbb{E}_{s \sim \rho^\beta}\left[\nabla_{\theta^\mu} Q(s, a; \theta^Q)\big|_{s=s_t, a=\mu(s_t; \theta^\mu)}\right]
\end{aligned} \tag{6.11}$$

将梯度上升算法应用于式（6.11），actor 网络将朝着奖励最大化的方向更新。

critic 网络通过最小化以下损失函数式（6.12）得到更新。

$$L = \frac{1}{N}\sum_{i=1}^N (\underbrace{y_i}_{\text{target } Q} - Q(s_i, a_i; \theta^Q))^2 \tag{6.12}$$

式中，y_i 为目标 Q 值：

$$y_i = r_i + \gamma Q'(s_{i+1}, \mu'(s_{i+1}; \theta^{\mu'}); \theta^{Q'}) \tag{6.13}$$

在计算目标 Q 值时，使用了目标策略网络 μ' 和目标值网络 Q'。这是因为在使用单一网络进行学习时，由于值网络参数的频繁更新，学习过程可能会不稳定。因此，DDPG 分别创建了一个在线网络和一个目标网络。每次完成小批次样本训练后，在线策略网络参数通过 mini-batch 梯度上升（mini-batch gradient ascent，MBGA）方法更新，在线值网络参数通过 mini-batch 梯度下降（mini-batch gradient descent，MBGD）方法更新。然后通过软更新算法更新目标网络参数，如式（6.14）所示。每次在线网络参数更新后，目标网络参数都会在一定程度上更接近在线网络。软更新使算法更容易收敛。

$$\underset{\tau=0.001}{\text{soft update}}\begin{cases}\theta^{Q'} \leftarrow \tau\theta^Q + (1-\tau)\theta^{Q'} \\ \theta^{\mu'} \leftarrow \tau\theta^\mu + (1-\tau)\theta^{\mu'}\end{cases} \tag{6.14}$$

DDPG 算法通过向行为策略的行动输出添加噪声来实现探索机制。生成动作的表达式为

$$a_t = \mu(s_t; \theta^\mu) + \mathcal{N}_t(0, \sigma) \tag{6.15}$$

式中，高斯噪声 $\mathcal{N}(0, \sigma)$ 的均值为 0，方差为 σ，随着迭代次数的增加，参数 σ 以恒定的速率递减。

如图 6.4 所示，在计算 MMC 最佳切换角的 DDPG 算法中，状态是所有切换角，动作是每个切换角的变化。因此，下一个状态表示为

$$s_{t+1} = s_t + a_t \tag{6.16}$$

6.2.2　DDPG 算法训练

为了在不同条件下实现低电压误差并使 MMC 输出波形的总谐波失真最小，DDPG

算法的目标函数 $F(\alpha)$ 定义如下：

$$F(\alpha_1, \alpha_2, \cdots \alpha_r) = \omega \cdot e_v + e_h$$
$$= \omega \cdot \left| \sum_{i=1}^{r} \cos(\alpha_i) - \frac{\pi \cdot M \cdot U_{dc}}{8 U_c} \right| + rms(b_3, b_5, \cdots b_k) \tag{6.17}$$

式中，　$rms(b_3, b_5, \cdots b_k)$ 为 $b_3, b_5, \cdots b_k$ 的均方根值，可通过式（5.16）计算得出；e_v 和 e_h 分别为输出电压误差和输出波形的 THD；ω 为惩罚系数。

MMC 的切换角度需要满足 $0 \leqslant \alpha_1 \leqslant \alpha_2 \leqslant \cdots \leqslant \alpha_{\frac{N}{2}} \leqslant \frac{\pi}{2}$。由于旋转对称性，只需满足 $0 \leqslant \alpha_i \leqslant \frac{\pi}{2}$。DDPG 算法可以通过最大化目标函数 F 来获得最佳切换角。

DDPG 中的环境可以根据当前的 state-action 输出下一个状态 s_{t+1} 和奖励值 r_t。奖励值的计算公式如下：

$$r_t = -F_{t+1} \tag{6.18}$$

表 6.1 显示了 DDPG 算法的训练过程。状态空间变量为 $(\alpha_1, \alpha_2, \cdots, \alpha_r)$。MMC 的调制系数 M 介于 0.75 和 1 之间。每个训练阶段包含 10000 回合，每个回合包含 10 个时间步骤。前 2000 回合为随机探索阶段，用于填充经验回放缓冲区。从图 6.4 可以看出，训练过程结束后，DDPG 算法计算出的结果被存储在一个查找表中，查找表保存在 DSP 中。当 MMC 运行时，DSP 根据设定的调制系数在查找表中选择相应的开关角，并根据电压均衡算法输出 SM 的控制信号。

表 6.1　DDPG 算法的训练过程

算法：求解 MMC 最佳切换角的 DDPG 算法

初始化：

1：　初始化超参数

2：　随机初始化 critic 网络 $Q(s,a;\theta^Q)$ 和 actor 网络 $\mu(s;\theta^\mu)$ 的权重参数

3：　初始化目标网络 Q' 和 μ'：　$\theta^{Q'} \leftarrow \theta^Q, \theta^{\mu'} \leftarrow \theta^\mu$

4：　初始化经验回放池 $\mathcal{R}$

5：　循环 10000 次：

6：　初始化动作

7：　初始化状态

8：　循环 10 个时间步：

9：　基于当前策略和噪声计算当前时间步的动作 a_t

10：　执行动作 a_t，记录奖励值 r_t 和新状态 s_{t+1}

续表

11:	将$(s_t, a_t, r_{t+1}, s_{t+1})$保存到经验回放池 $\mathcal{R}$
12:	从经验回放池随机抽取一小批样本，用式（6.13）计算目标值
13:	基于 MBGD 方法，使用式（6.12）最小化损失函数以更新 critic 网络
14:	基于 MBGA 方法，使用式（6.11）最大化目标函数以更新 actor 网络
15:	使用式（6.14）对目标网络进行软更新

基于等效电平提升策略，当 SM 数为 7、开关角数为 6 时，图 6.5 展示了训练结果，其中 α_1 至 α_6 是输出波形中从小到大排列的开关角。当调制因子 M 从 0.75 变化到 1 时，所有开关角的值都逐渐减小。值得注意的是，当调制因子 M 小于 0.89 时，最后一个开关角的值等于 1，这意味着实际上只有 6 个开关角起作用。

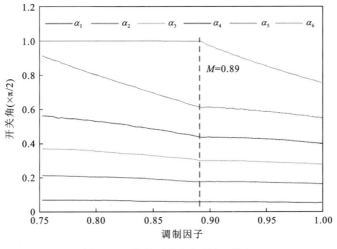

图 6.5　不同调制因子下的开关角

6.3　仿真结果及实验验证

6.3.1　仿真结果

为了验证等效电平提升策略和 DDPG 算法的优化效果，采用 MATLAB/Simulink 进行仿真和结果比较。本节提出的调制技术使用 7 个 SM 产生 13 个电压电平。传统的调制方法通常使用偶数个 SM。为了证明本章所提方法的优势，在具有 8 个 SM 的 MMC 上执行传统的调制方法，两个 MMC 模型的直流电压相同。表 6.2 显示了提出的方法仿真模型的相关参数。

表 6.2   MMC 仿真参数

参数	数值
直流电压 U_{dc}/kV	12
调制系数 M	0.75～1.00
子模块个数 n	7
子模块电容容值 C/μF	4000
FVSM 电容电压 U_c/V	3000
负载电阻 R_{load}/Ω	114
负载电感 L_{load}/mH	119
桥臂电感 L_{arm}/mH	10
输出频率 f/Hz	50

SM 电容电压的平衡对 MMC 的运行至关重要。与传统方法相比，所提方法需要将子模块的电容电压稳定在不同的值上，这使得电压平衡变得更加重要。

图 6.6 展示了上桥臂 7 个 SM 在表 6.2 所列参数下运行时的电容电压波形图。可以看出，4 个全电压子模块的电容电压在 2940～3020 V 波动，电压波动率为 2.6%，电压偏差率为 2.0%。附加子模块的电容电压在 980～1065 V 波动，电压波动率为 8.5%，电压偏差率为 6.5%。同级 SM 的电压几乎完全相同。因此，所有 SM 都能成功实现电容电压的均衡和平衡。

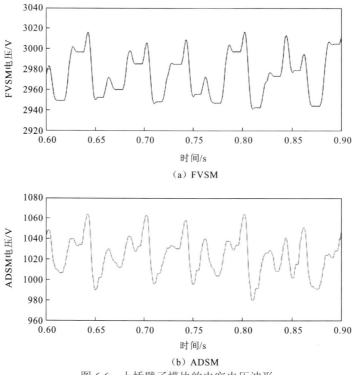

（a）FVSM

（b）ADSM

图 6.6   上桥臂子模块的电容电压波形

　　本节比较了不同调制方法下输出电压和电流的波形和总谐波失真。提出的电平增加法实现了每臂 7 个 SM、6 个开关角和 13 个电压电平的 MMC 配置。传统方法下的 MMC 子模块数量一般为偶数。为了突出所提方法的优势,采用传统方法中每臂 8 个 SM 的 MMC 进行比较。图 6.7 显示了 M 设置为 0.9 时,不同方法下 MMC 输出电压和电流的波形。此外,还使用本章提出的 DDPG 算法计算了 SHE 调制的开关角。可以看出,与其他方法相比,电平增加法以较少的 SM 实现了更多的电压电平。此外,两种电平递增方法产生的输出波形都非常接近标准正弦波。基于电平增加法的 SHE 调制和 iSHE 调制的输出电流总谐波失真分别为 1.67% 和 1.73%。此外,iSHE 调制的输出电压总谐波失真为 6.75%,低于 SHE 调制的 8.32%。

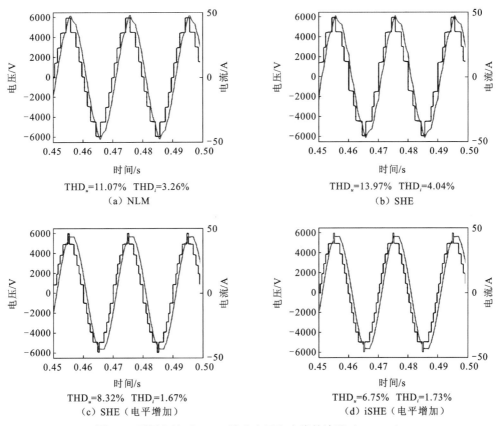

图 6.7　不同方法下 MMC 输出电压和电流的波形($M = 0.9$)

　　图 6.8 显示了不同方法在不同调制因子 M 下的输出电压和电流的 THD。SHE 调制优先消除低阶谐波,因为电感在衰减高阶谐波方面发挥着更大的作用。因此,在某些情况下 SHE 调制的电流 THD 比 NLM 低。与传统方法相比,两种电平增加方法的总谐波失真都明显降低。改进的 SHE 方法的总谐波失真比未改进的略低。

　　图 6.9 显示了调制因子为 0.9 时 4 种方法的前 32 次电压谐波。传统的 NLM 方法在不同的阶次上表现出明显的谐波。基于 SHE 调制的 MMC 主要减少了低阶谐波。可以看

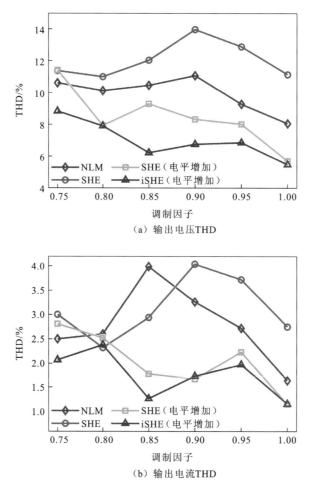

图 6.8　不同方法下 MMC 输出电压和电流的 THD

出，传统的 SHE 方法产生的前 7 次谐波（低于 350 Hz）非常小，但第 9 次谐波（450 Hz）
很大，达到约 550 V。同样，由于开关角增大，基于所提出的电平增大方法的 SHE 调制
产生的前 11 次谐波（低于 550 Hz）小于 50 V，但第 13 次谐波（650 Hz）超过 200 V。
因此，虽然 SHE 调制能有效缓解或消除低阶谐波，但可能会导致高阶谐波的增加。改进
的 SHE（iSHE）方法将总谐波失真（THD）最小化作为优化目标，从而解决了这一问题。
可以看出，iSHE 方法在所有阶次上的谐波都很小。总之，基于等效电平提升策略和 DDPG
算法的 iSHE 调制方法实现了最佳输出性能。

6.3.2　实验验证

　　为了证明等效电平提升策略和基于 DDPG 算法的开关角求解算法的有效性，搭建一
个 MMC 实验硬件平台，如图 6.10 所示，相关设计参数如表 6.3 所示。实验平台的微控

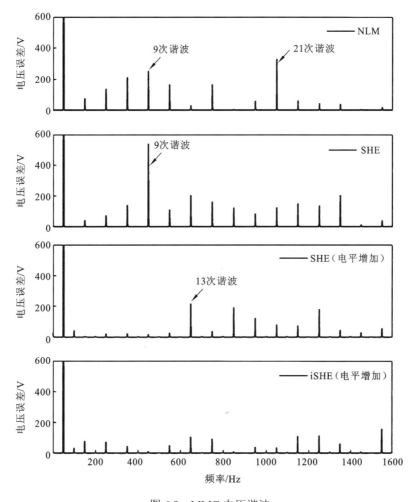

图 6.9　MMC 电压谐波

制器单元（microcontroller unit，MCU）采用 TI 公司的 TMS320F28379D。在计算机上训练 DDPG 算法后，将训练好的代理及 MMC 控制算法和电压平衡算法下载到 MCU 中以控制 MMC。DSP 输出信号的采样频率和更新频率均为 10 kHz。

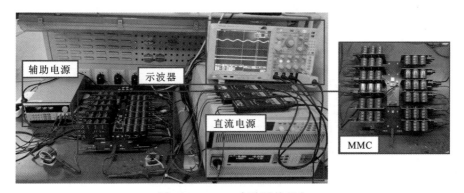

图 6.10　MMC 实验硬件平台

表 6.3　MMC 硬件平台参数

参数	数值
直流母线电压 U_{dc}/V	180
调制系数 M	0.95
子模块个数 n	7～8
子模块电容容值 C/μF	4000
FVSM 电容电压 U_c/V	45
负载电阻 R_{load}/Ω	100
负载电感 L_{load}/mH	20
桥臂电感 L_{arm}/mH	10
采样频率 f_s/kHz	10
输出频率 f/Hz	50

图 6.11 显示了采用等效电平提升策略的 MMC 上桥臂所有 SM 在正常运行时的电容电压。直流电源设定为 180 V，因此 FVSM 和 ADSM 的预期电压分别为 45 V 和 15 V。如图 6.11 所示，电容电压始终接近预期值，波动极小，这表明所提出的平衡方法非常有效。

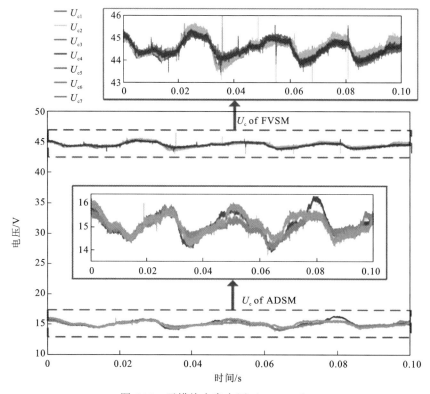

图 6.11　子模块电容电压（M=0.95）

　　图 6.12 描述了当调制因子设置为 0.95 时,使用 MMC 实验原型的不同方法所产生的
输出电压波形和谐波幅度。

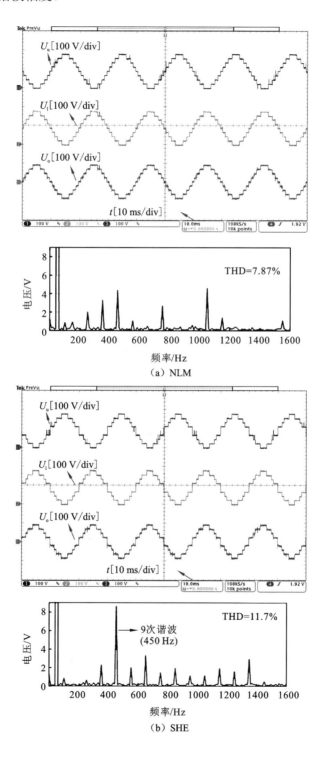

（a）NLM

（b）SHE

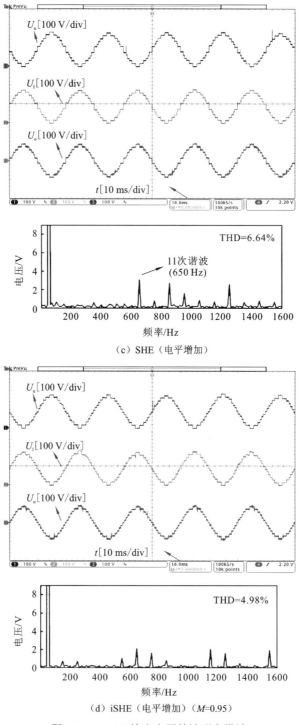

图 6.12   MMC 输出电压的波形和谐波

    NLM 方法和 SHE 方法在 MMC 上运行，每个桥臂有 8 个 SM。它们的输出波形显示出 4 个开关角和 9 个电压电平，但 SHE 方法的第一个开关角设置为 0，因此只有 8 个电压电平。基于电平增加策略的两种方法在每个桥臂有 7 个 SM 的 MMC 上运行，可实现 13 个电压电平。4 种方法的总谐波失真（THD）分别为 7.87%、11.17%、6.64% 和 4.98%。因此，即使 SM 数量较少，提出的电平增加策略也能实现更多的电压电平和更低的总谐波失真（THD）。谐波特性与仿真结果一致，其中具有 6 个开关角的 SHE 方法可有效消除 5 次奇次谐波，但第 6 次奇次谐波（11 次谐波）的幅度很大。基于 DDPG 算法和电平增加策略的改进型 SHE 方法则降低了所有谐波分量的幅度。图 6.13 显示了 4 种方法的输出电流波形，THD 值分别为 6.12%、8.32%、5.29% 和 3.93%。

总之，上述实验结果与模拟结果一致，从而验证了所提方法的有效性。

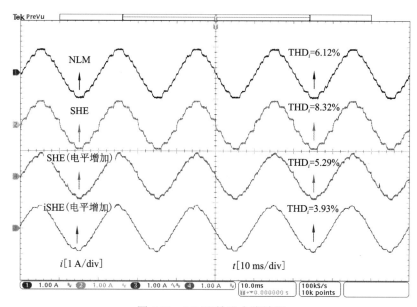

图 6.13 MMC 输出电流波形

参 考 文 献

[1] Lillicrap T P, Hunt J J, Pritzel A, et al. Continuous control with deep reinforcement learning[EB/OL]. (2015-09-09)[2025-01-02]. https: //arxiv. org/abs/1509. 02971.

[2] Tang Y H, Hu W H, Zhang B, et al. Deep reinforcement learning-aided efficiency optimized dual active bridge converter for the distributed generation system[J]. IEEE Transactions on Energy Conversion, 2021, 37(2): 1251-1262.

[3] Zhang K, Zhang J, Xu P D, et al. Explainable AI in deep reinforcement learning models for power system emergency control[J]. IEEE Transactions on Computational Social Systems, 2022, 9(2): 419-427.

[4] Hosseini M M, Parvania M. On the feasibility guarantees of deep reinforcement learning solutions for distribution system operation[J]. IEEE Transactions on Smart Grid, 2023, 14(2): 954-964.

[5] 李鹏, 钟瀚明, 马红伟, 等. 基于深度强化学习的有源配电网多时间尺度源荷储协同优化调控[J]. 电工技术学报, 2025, 40(5): 1487-1502.

[6] 许丹, 胡晓静, 胡斐, 等. 基于深度强化学习的电力市场量价组合竞价策略[J]. 电网技术, 2024, 48(8): 3278-3286.

[7] Li J H, Wang C L, Wang H. Attentive convolutional deep reinforcement learning for optimizing solar-storage systems in real-time electricity markets[J]. IEEE Transactions on Industrial Informatics, 2024, 20(5): 7205-7215.

[8] Si G Q, Zhu J W, Lei Y H, et al. An enhanced level-increased nearest level modulation for modular multilevel converter[J]. International Transactions on Electrical Energy Systems, 2019, 29(1): e2669.

[9] Debnath S, Qin J C, Bahrani B, et al. Operation, control, and applications of the modular multilevel converter: A review[J]. IEEE Transactions on Power Electronics, 2015, 30(1): 37-53.